問答式

農業所得の税務

樫田 明・増尾 裕之 共編

令和2年版

一般財団法人 大蔵財務協会

はしがき

税金関係の実務解説書は数多く出版されていますが、農業所得関係のものは少ないようです。

所得税法上、農業所得も事業所得の一種ですが、農業所得の計算には、農業所得以外の事業所得には見られない農業所得特有の取扱いがあります。

そこで、本書では農業所得を計算するために注意しなければならない事柄を中心に図を用いながら分かりやすく問答式にまとめました。

農業関係者の方々が、本書を利用され、農業所得を正しく計算するために役立てていただければ幸いと考えます。

なお、今回の改訂では、その後の制度改正、特に、令和元年10月１日から実施されている消費税率の引上げ及び軽減税率制度、平成31年１月から開始された収入保険制度等に対応するとともに、解説をより理解しやすくするため全体を通じて文章表現を見直しています。

本書は、編者及び執筆者が休日等を利用して執筆したものであり、文中意見にわたる部分は私見であることを申し添えます。

令和２年９月

樫田　　明
増尾裕之

〔凡　例〕

本書の文中、文末引用条文の略称は、次のとおりです。

所法……………………………………所得税法
所令……………………………………所得税法施行令
所規……………………………………所得税法施行規則
所基通…………………………………所得税基本通達
措法……………………………………租税特別措置法
措令……………………………………租税特別措置法施行令
措規……………………………………租税特別措置法施行規則
措規通…………………………………租税特別措置法関係通達
耐令……………………………………減価償却資産の耐用年数等に関する省令
耐通……………………………………耐用年数の適用等に関する取扱通達
消法……………………………………消費税法
通法……………………………………国税通則法
財確法…………………………………東日本大震災からの復興のための施策を実施するために必要な財源の確保に関する特別措置法
昭59大蔵省告示第37号…………昭和59年３月31日付大蔵省告示第37号「所得税法施行規則第102条第１項に規定する総収入金額及び必要経費に関する事項の簡易な記録の方法を定める件」
昭47直所３－１……………………昭和47年１月21日付直所３－１「農業協同組合受託農業経営事業等から生ずる収益に対する所得税の取扱いについて」
昭48直所４－10……………………昭和48年12月７日付直所４－10「果樹共済に係る共済金及び共済掛金の取扱いについて」
昭56直所５－６……………………昭和56年８月６日付直所５－６「租税特別措置法第25条及び第67条の３に規定する肉用牛の売却に係る所得の課税の特例に関する所得税及び法人税の取扱いについて」
昭57直所５－７……………………昭和57年８月２日付直所５－７「採卵用鶏の取得費の取扱いについて」

平元直所３―８……………………平成元年３月29日付直所３―８「消費税法等の施行に伴う所得税の取扱いについて」

平18課個５―３……………………平成18年１月12日付課個５―３「農業を営む者の取引に関する記載事項等の特例について」（法令解釈通達）

※　本書は令和２年９月30日現在の法令、通達によっています。

◎　本書に関連する法令・通達等について、弊会ホームページにてデータを提供しています（下記URL参照）。

URL:http://www. zaikyo.or.jp/news/upload/docs/2834-hourei.pdf

なお、上記データは本書「凡例」に示す時点におけるものであることにご留意ください。

〔目　次〕

第１部　所得税関係

解　説　編

質疑応答編

第１章　農業所得の収入金額

第2章　農業所得の必要経費

第３章　農業以外の所得（農業に関連する所得で農業所得とならない所得）

第4章　所得計算の特例

第5章　青色申告

第6章　その他

第2部　消費税関係

解　説　編

質疑応答編

第３部　資料編

1　各種申請書・届出書

2　その他資料

第１部

所得税関係

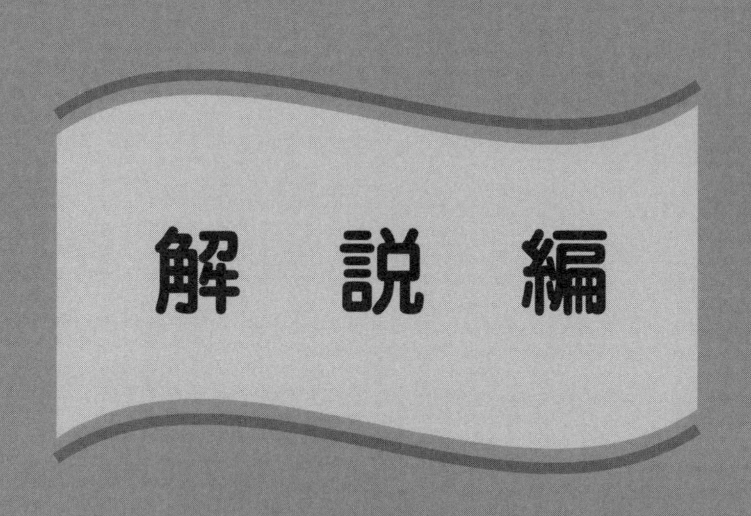
解　説　編

Ⅰ　所得税及び復興特別所得税の基本的な仕組み

農業所得とは事業所得の一つであり、事業所得とは所得税における所得の一つの種類（所得分類）です。

まずは、所得税及び復興特別所得税の基本的な仕組みを簡単に解説します。

1　所得税の基本的な仕組み

(1)　所得税の課税対象とは

所得税は、個人がその年の１月１日から12月31日までの１年間（暦年）に得た「所得」に対して課される税金です（所法５、７）。「所得」には、現金での収入だけでなく、物や権利などの現物収入やその他の経済的利益も含みます（所法36）。

(2)　所得税における所得の種類（所得分類）とは

所得税は、所得の性質により担税力（税負担を担う力）に差異があることを考慮して、それぞれその所得が生ずる形態に応じて最も適合した所得の計算を行い、その所得に応じた課税を行うために所得を10種類に分類（所得分類）しています（所法21）。

具体的には、①利子所得（所法23）、②配当所得（所法24）、③不動産所得（所法26）、④事業所得（所法27）、⑤給与所得（所法28）、⑥退職所得（所法30）、⑦山林所得（所法32）、⑧譲渡所得（所法33）、⑨一時所得（所法34）、⑩雑所得（所法35）の各種所得に区分されます。

(3) 所得の総合と超過累進税率とは

所得税は、原則的には、上記(2)の各種所得の金額を総合（合計）し、その総合した所得金額（総所得金額）から、多額な医療費の支出など納税者の各人の個人的事情を考慮するための所定の金額を差し引き（所得控除）、その残額に対し「超過累進税率」を適用し税額を計算します（所法21、22）。

「超過累進税率」とは、所得金額が高くなるに従って段々と高くなる税率のことです（所法89）。

所得控除は、具体的には、①雑損控除（所法72）、②医療費控除（所法73）、③社会保険料控除（所法74）、④小規模企業共済等掛金控除（所法75）、⑤生命保険料控除（所法76）、⑥地震保険料控除（所法77）、⑦寄附金控除（所法78）、⑧障害者控除（所法79）、⑨寡婦（夫）控除（所法80）、⑩ひとり親控除（所法81）、⑪勤労学生控除（所法82）、⑫配偶者控除（所法83）、⑬配偶者特別控除（所法83の２）、⑭扶養控除（所法84）、⑬基礎控除（所法85）の15種類あります。

(4) 所得税の計算過程について

所得税における最終的な税額算出までを簡単に説明すると、次のとおりとなります（ここでは、説明を単純化するため分離課税等の例外的なものを省略して説明しています。）（所法21、22）。

①　所得金額の計算

個人が暦年に得た所得を上記(2)における各種所得に分類し、それぞれの所得ごとに定められた計算方法に従って所得金額を計算します（所法23～35）。

②　課税所得金額の計算

上記①で計算した所得金額の合計額（総所得金額）を計算します。その際、不動産所得、事業所得、山林所得、譲渡所得の損失が生じている場合には、その損失を原則として他の所得から差し引くことができます（損益通算）（所法21、22、69）。

以上の計算を行った後、総所得金額から上記(3)における所得控除の合計額を差し引いて「課税所得金額」を算出します（所法89）。

③　所得税額の計算

所得税額は「課税所得金額」に所得税の「超過累進税率」を乗じた金額（算出税額）から税額控除を差し引いて算出します（所法89等）。

税額控除は、具体的には、配当控除（所法92）、分配時調整外国税相当額控除（所法93）、外国税額控除（所法95）、中小事業者が機械等を取得した場合の特別控除（措法10の３）、特定中小事業者が特定経営力向上設備等を取得した場合の特別控除（措法10の５の３）、（特定増改築等）住宅借入金等特別控除（措法41、41の３の２）、政党等寄附金特別控除（措法41の18）などがあります。

2　復興特別所得税の基本的な仕組み

平成25年分から令和19年分までの25年間にわたっては、東日本大震災からの復興を図るための施策に必要な財源を確保するため、その年分の所得税額の2.1％相当額の復興特別所得税が課されます（財確法１、９、12、13）。

3　確定申告及び納付

我が国の所得税及び復興特別所得税については、自分の所得の状況を最もよく知っている納税者が、自ら暦年の所得金額を計算して確定申告を行い、その申告に基づき税額を納付する「申告納税制度」を採用しています。上記で求めた所得税額及び復興特別所得税額については、その所得を得た年の翌年の確定申告期間（２月16日から３月15日まで）の間に所轄の税務署に申告・納付する必要があります（通法15、16、所法120）。

（注）　還付の申告の場合は、１月１日から申告することができます（所法120、122）。

（参考）

イ　復興税及び復興特別所得税の計算のイメージ

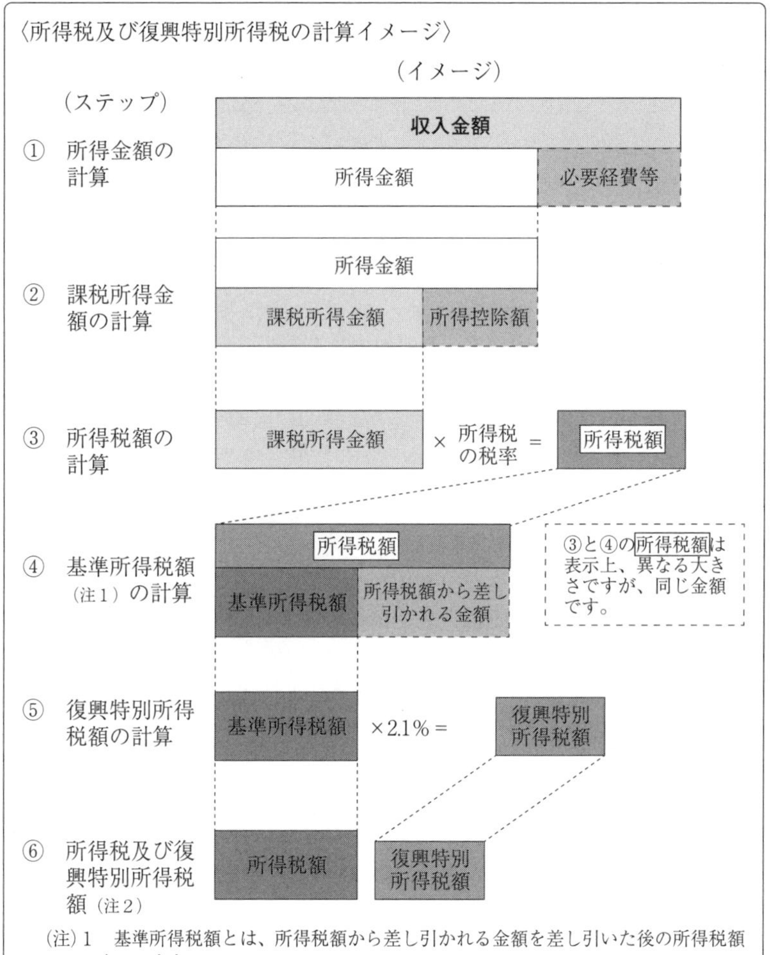

（注）1　基準所得税額とは、所得税額から差し引かれる金額を差し引いた後の所得税額をいいます。

2　給料や報酬などの支払を受ける際に差し引かれた所得税等（源泉徴収税額）や外国税額控除などは、上記⑥の金額から控除します。

3　所得税額や復興特別所得税（附帯税を除きます。）の確定金額の端数計算は、これらの確定金額の合計金額によって行いますので、その合計額に100円未満の端数があるときは、その端数金額を切り捨てます。

ロ　所得金額の計算方法

所得の種類	所得金額の計算方法	
①利子所得	収入金額＝所得金額	
②配当所得	収入金額－(株式などの元本を取得するために要した負債の利子)＝所得金額	
③不動産所得	総収入金額－必要経費＝所得金額	
④事業所得（農業所得）	総収入金額－必要経費＝所得金額	
⑤給与所得	収入金額－給与所得控除額＝所得金額	
⑥退職所得	(収入金額－退職所得控除額)×$\frac{1}{2}$＝所得金額	
⑦山林所得	総収入金額－(植林費･取得費･管理費･育成費用等＋伐採費･その他の譲渡費用)－特別控除額＝所得金額	
⑧譲渡所得	取得の日から5年以内に譲渡されたもの	総収入金額－(取得費＋譲渡費用)－特別控除額＝所得金額
	上記以外	{総収入金額－(取得費＋譲渡費用)－特別控除額}×$\frac{1}{2}$＝所得金額
⑨一時所得	総収入金額－(収入を得るために直接要した金額)－特別控除額＝所得金額	
⑩雑所得	(公的年金等の雑所得) 総収入金額－必要経費＝所得金額 (公的年金等) 総収入金額－公的年金等控除＝所得金額	

ハ　令和2年分　所得税の税額表

課税される所得金額		税率	控除額
1,000円から	1,949,000円まで	5%	0円
1,950,000円から	3,299,000円まで	10%	97,500円
3,300,000円から	6,949,000円まで	20%	427,500円
6,950,000円から	8,999,000円まで	23%	636,000円
9,000,000円から	17,999,000円まで	33%	1,536,000円
18,000,000円から	39,999,000円まで	40%	2,796,000円
40,000,000円以上		45%	4,796,000円

Ⅱ　農業所得の基本的な仕組み

次に、本書の対象である農業所得について、その基本的な仕組みについて簡単に解説します。

1　農業所得とは

農業所得とは事業所得（所法27）の一つであり、農産物の栽培等の事業から生じる所得をいいます。具体的には、次の所得をいいます（所令12）。

①　米、麦その他の穀物、馬鈴しょ、甘しょ、たばこ、野菜、花、種苗その他のほ場作物、果樹、樹園の生産物又は温室その他特殊施設を用いて行う園芸作物の栽培を行う事業から生じる所得

②　繭又は蚕種の生産を行う事業から生じる所得

③　主として上記①②に掲げる物の栽培若しくは生産をする者が兼営するわら工品その他これに類する物の生産、家畜、家きん、毛皮獣若しくは蜂の育成、肥育、採卵若しくはみつの採取又は酪農品の生産を行う事業から生じる所得

2　農業所得の計算

農業所得とは事業所得の一つであることから、農業所得の金額は、事業所得の金額同様、「総収入金額」から「必要経費」を差し引いて計算します（所法27）。

⑴　総収入金額の計算

農業所得の計算上総収入金額とされる金額は、原則としてその年に

収入すべき金額（金銭以外の物又は権利その他の経済的利益をもって収入する場合には、それらの価額）とされています。したがって、農産物などを販売し、それを年中に引き渡したときには、その収入はその年分の収入金額となりますので、年末において実際に代金を受け取っていない場合でも、すべてその年分の収入金額として計算します（所法36）。

農産物などの具体的な収入金額の計上方法は、次のとおりです。

①　農産物に係る収入金額の計上方法

米、麦、その他の穀物、馬鈴しょ、甘しょ、たばこ、野菜、花、種苗などの農産物については「収穫基準」（Ｐ20の問２参照）が適用され、収穫した時における農産物の価額（収穫価額）を、その収穫の日の属する年分の収入金額に計上するとともに、同額を棚卸資産の取得価額として必要経費に計上します（所法41）。

なお、農産物を販売したときは、別途、その販売価額を収入金額に計上します（所法36）。

②　農産物以外の収入金額の計上方法

農産物以外の棚卸資産の販売については、棚卸資産の引渡しがあった日に収入金額に計上します。例えば、畜産などについては、収穫基準の適用は受けないので、畜産牛を販売して買受人などに引き渡した時に収入金額に計上します（所法36）。

③　家事消費の取扱い

農産物（棚卸資産）を家事のために消費した場合には、その消費時における当該農産物の価額に相当する金額を、その消費した日の属する年分の農業所得の総収入金額に算入します（所法39）。

なお、家事消費等の金額は、年末に一括して、その年の収穫時における当該農産物の価額（収穫価額）の平均額又は販売価額（市場等に対する出荷価格）の平均額によって計算（計上）しても差し支えありません（平18課個５－３）。

④ **雑収入の計上方法**

補助金や共済金など、農産物の販売価額や家事消費以外の収入金額は、農業所得の雑収入として計上します。

⑵ 必要経費の計算

農業所得の計算上総収入金額とされる金額は、原則として、①売上原価その他総収入金額を得るために直接要した費用、及び②販売費、一般管理費その他その年に農業に関して生じた費用とされています（所法37）。

なお、必要経費の計上に関して、次の点にご留意ください。

① **前払費用の取扱い**

必要経費はその発生の都度計上するのが原則であり、その年中に実際支払った経費だけでなく、その年中に支払うべき必要経費で未払となっているものもその年分の必要経費に算入されます（所法37）。

また、その年の翌年分以後の期間に対応する部分（前払費用）が含まれている場合には、その部分の金額はその年分の必要経費にならないため、必要経費から除かれます。

② **家事費・家事関連費の取扱い**

イ 家事費

食費や医療費などの家事上の費用（家事費）は、必要経費となりません（所法45）。

ロ　家事関連費

電話・電気・水道などの料金、固定資産税・組合費などの租税公課、損害保険料、ガソリン代などの家事上と事業上の両方にかかわりのある費用（家事関連費）については、家事上の経費と事業（農業）上の経費とに区分し、家事用として使用している部分は必要経費から除かなければなりません。したがって、家事用に消費した金額を使用面積、使用時間、使用回数などの適切な基準によってあん分計算をして必要経費から除く必要があります（所法45、所令96）。

3　農業所得以外の所得

農業に関連する所得であっても、農業所得とならず、他の所得となるものがあるので留意する必要があります。例えば、農機具や車両などで減価償却をする資産の売却収入は、「譲渡所得」となり、建物更生共済の満期共済金は「一時所得」となります（所法33、34）。

4　農業所得の特殊性

繰り返し述べるように、農業所得も事業所得の一つの種類ですが、次のように、農業所得には、農業所得以外の事業所得には見られない農業所得特有の取扱いが定められている場合があります。

①　農産物に適用される収穫基準（所法41）

⇒Ｐ20の問２等参照

②　農業収入保険制度の取扱い

⇒Ｐ37の問15等参照

③　特別農業所得者における予定納税の特例（所法107等）

⇒Ｐ242の問３参照

④ 記帳等の方法（昭和59大蔵省告示第37号、平18課個５－３）

⇒Ｐ245の問４等参照

⑤ 課税の特例措置

イ 農業経営基盤強化準備金（措法24の２等）

⇒Ｐ173の問75等参照

ロ 肉用牛を売却した場合の課税の特例（措法25）

⇒Ｐ195の問１等参照

5 その他

(1) 記帳・帳簿等の保存制度について

我が国の所得税及び復興特別所得税については、納税者の方が自ら税法に従って所得金額と税額を正しく計算して申告し、納税するという「申告納税制度」を採用しており、このことは農業所得を有する農業関係者の方についても当てはまります（通法15、16）。

農業関係者の方が、その年の１月１日から12月31日までの１年間（暦年）に生じた農業所得の金額を正しく計算し、申告するためには、上記２で述べた総収入金額や必要経費に関する日々の取引の状況を帳簿に記録（記帳）し、また、取引に伴って作成したり受け取ったりした書類（証憑書類）を保存していく必要があります。

そこで、農業所得（事業所得）を生ずべき業務を行う全ての方（所得税及び復興特別所得税の申告の必要のない方を含みます。）は、帳簿を備え付け、これらの業務に係る取引を一定の方法により記録し、一定期間保存することが法令上義務付けられています（所法232、所規102、昭和59大蔵省告示第37号）。

（注）　帳簿等の記帳は、単に税金の計算を行うだけでなく事業経営の合理化・効率化に役立つものです。

⑵　青色申告制度について

所定の基準で記帳を行い、その記帳に基づいて正しく申告される方には「青色申告」という制度があります（所法143等）。青色申告は、日々の取引を所定の帳簿に記載し、その帳簿に基づいて正しい申告をすることで、特別な控除（青色申告特別控除）など様々な特典を受けることができます（措法25の２等）。

質疑応答編

第1章　農業所得の収入金額

1　農業所得の収入金額の計上時期

問　農業所得の計算上、収入金額に計上する時期はいつでしょうか。

〔回答〕　農産物は「収穫した時」、農産物以外は「販売した時」が収入計上の時期になります。

〔解説〕　農産物以外の棚卸資産（所法2①十六）の販売による収入金額については、その棚卸資産の引き渡しがあった日の属する年分の収入金額に計上することになります（所基通36—8⑴）。

しかし、農産物の場合には、「収穫基準」（次問参照）が適用されますので、農産物を収穫した時における農産物の価額（収穫価額）を、その収穫の日の属する年分の収入金額に計上しなければなりません（所法41）。

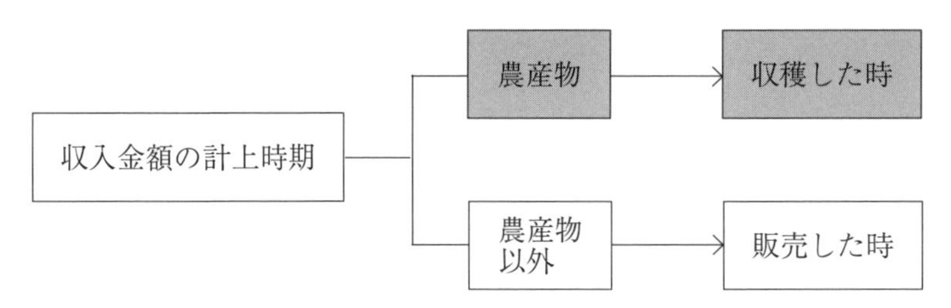

2　農産物に適用される「収穫基準」

問　農産物に適用される「収穫基準」とは、どのような方法でしょうか。

〔回答〕　農産物を販売した場合には、①販売価額を収入金額に、②「収穫価額」を必要経費にそれぞれ計上します。

〔解説〕　米麦などの農産物については収穫基準が適用されますから、その農産物を収穫した時に、「収穫価額」（次問参照）を収入金額に計上します（所法41①）。そして、それと同時にその「収穫価額」によって取得したものとみなすこととされていますから（所法41②）、その「収穫価額」は仕入金額に算入されることになります。

なお、年末において未販売の農産物は棚卸資産（所法2①十六）として翌年に繰り越すことになります。

また、その農産物を販売した場合には、商店が商品を販売した場合と同様に、その引渡しがあった時に、その販売価額を収入金額に計上します（所法36①、所基通36―8(1)）。

3　「収穫価額」の意義

問　収穫基準における「収穫価額」とは具体的にどのような価額をいうのでしょうか。

〔回答〕　農産物の「収穫価額」とは、原則として生産者販売価額（農家の庭先裸価格）をいいます。

〔解説〕　米麦などの農産物については「収穫基準」（前問参照）が適用され、農産物を収穫したときはその農産物の収穫価額を収入金額に計上することとされていますが（所法41）、この場合の「収穫価額」とは、収穫時における生産者販売価額をいいます（所基通41－1）。そして「生産者販売価額」は、原則として農家の庭先における農産物の裸値（俵やカマスなどの包装費用を除いた農産物だけの価額）をいうものとされています。

したがって、例えば市場へ出荷された農産物についてみると、市場における販売価額のうち、市場の販売手数料、市場までの運賃、包装費、その他の出荷経費に相当する金額を販売価額から差し引いた金額が「収穫価額」になります。

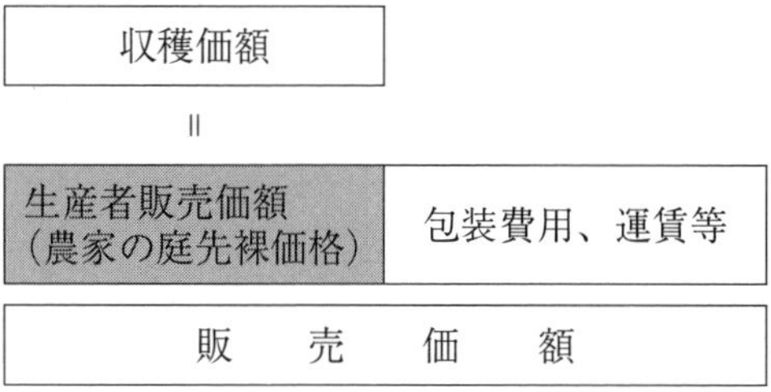

収穫価額	
＝	
生産者販売価額（農家の庭先裸価格）	包装費用、運賃等
販　売　価　額	

4 「収穫基準」が適用される農産物の範囲

問 「収穫基準」が適用される農産物の範囲について、説明してください。

〔回答〕 「収穫基準」が適用される農産物とは、米麦など特定のほ場作物、樹園の生産物又は園芸作物をいいます。

〔解説〕 米麦などの農産物については「収穫基準」が適用になりますが、この場合の農産物とは、次のいずれかに該当するものをいいます（所令88)。

《農産物の範囲》

① 米、麦、その他の穀物、馬鈴しょ、甘しょ、たばこ、野菜、花、種苗その他のほ場作物
② 果物、樹園の生産物
③ 温室、ビニールハウス等の特殊施設を用いて生産する園芸作物

なお、養蚕や畜産からの生産物は、ここにいう農産物には含まれませんので「収穫基準」の適用はないことになります。

5　「収穫基準」を適用した場合の具体的計算例（原則的な計算方法）

問　令和２年中の状況が次のような場合、農業所得はどのように計算すればよいのでしょうか。

○年初の在庫高（収穫価額）……………………5,000,000円
○収穫高（収穫価額）……………………34,000,000円
○販売高（販売価額）……………………38,000,000円
○年末の在庫高（収穫価額）……………………7,000,000円
○生産経費……………………20,000,000円
○販売経費……………………4,000,000円

〔回答〕　農業所得は、原則的には、次の１～３のように計算します。

〔解説〕

1　総収入金額の計算

（収穫高）34,000,000円＋（販売高）38,000,000円＝72,000,000円

2　必要経費の計算

{（年初の在庫高）5,000,000円＋（収穫高）34,000,000円
－（年末の在庫高）7,000,000円}＋（生産経費）20,000,000円
＋（販売経費）4,000,000円＝56,000,000円

3　農業所得金額の計算

（収入金額）72,000,000円－（必要経費）56,000,000円＝16,000,000円

○図にすると、次のとおりです。

年初の在庫高 5,000,000円	収穫高 34,000,000円
収穫高 34,000,000円	
生産経費 20,000,000円	販売高 38,000,000円
販売経費 4,000,000円	
農業所得 16,000,000円	年末の在庫高 7,000,000円

6　「収穫基準」を適用した場合の具体的計算例（簡易な計算方法）

問　前問の場合で、もう少し簡単に計算する方法はないのでしょうか。

〔**回答**〕　過重な事務負担を考慮し、実務的には、次の１～３のような計算方法も認められています。

〔**解説**〕

1　収入金額の計算

（販売高）38,000,000円＋（年末の在庫高）7,000,000円
－（年初の在庫高）5,000,000円＝40,000,000円

2　必要経費の計算

（生産経費）20,000,000円＋（販売経費）4,000,000円＝24,000,000円

3　農業所得金額の計算

（収入金額）40,000,000円－（必要経費）24,000,000円＝16,000,000円

※　この方法で計算しても、農業所得の金額は16,000,000円となり、前問の計算による額と一致します。この場合、収入金額、生産経費及び販売経費については、一般の事業所得の計算方法と同様になりますが、在庫高の金額は「収穫基準」のままとなります。

○図にすると、次のとおりです。

借方	貸方
年初の在庫高　5,000,000円	販売高　38,000,000円
生産経費　20,000,000円	
販売経費　4,000,000円	
農業所得　16,000,000円	年末の在庫高　7,000,000円

7 「収穫基準」による収入金額の記録等の仕方

問 米麦などの農産物については、「収穫基準」により収入金額を計上することになっていますが、具体的にはどのように記録・整理する必要があるのでしょうか。

〔回答〕 「収穫基準」による収入金額を計上するため、農産物受払帳を作成します。

〔解説〕 米麦などの農産物について「収穫基準」による収入金額の計算をするためには、これらの農産物を収穫したり、販売した時にその数量や金額などを記録・整理しておく必要があります。このため、「農産物受払帳」を作り、米、麦、りんごなどの農産物の種類ごとにそれぞれ口座を設けてその受払を記録・整理する方法が一般的に採られています。

「農産物受払帳」の様式そのものは法令で規定されていませんが、受払年月日、種類、数量、金額、残高、受払の事由（摘要）等の記載が必要となります。

「農産物受払帳」の標準的なものを示しますと、次のとおりです。

農産物受払帳

科目		種類	

年 月　日	摘　要	科目	受　入		払　出						残　高
			生産	その他	販　売		事業用		家事用		
					数量	金額	数量	金額	数量	金額	
			kg	kg	kg	円	kg	円	kg	円	kg

8　「農産物受払帳」の記帳方法

問　「農産物受払帳」の記帳はどのように行えばよいのでしょうか。

〔**回答**〕　収穫時、販売時、家事消費時等のその都度記入します。

〔**解説**〕　「農産物受払帳」の記帳は、次のようになります（平18課個５―３）。

1　収穫したとき

農産物を収穫したときは、数量を記帳すれば足り、単価と金額は記帳しないでよいことになっています（単価と金額は、年末にまとめて整理します。）。

2　販売したとき

農産物を販売したときは、販売数量、単価、販売金額を記帳します。

3　家事消費や贈与をしたとき

農産物を家事消費や贈与したときは、原則として数量、単価、金額を記帳します。この場合、家事消費や贈与をした都度記帳することに代えて、年末にまとめて記帳することも認められています。

4　年末の棚卸をしたとき

農産物は棚卸資産ですから年末には棚卸をする必要がありますが、この場合には、数量、単価、金額を記帳します（年末に保有する農産物を実地に棚卸を行い、「農産物受払帳」の残高と照合し、突合しない数量は原因を確かめて修正記帳します。）。

9 「収穫基準」を簡略化して適用できる農産物

問 「収穫基準」を簡略化して適用できる農産物はあるのでしょうか。

〔**回答**〕 米麦等の穀物以外の農産物については、「収穫基準」が簡略化して適用されます。

〔**解説**〕 農産物の所得計算には「収穫基準」が適用されるため、原則として「農産物受払帳」を作って収穫時や販売時等に数量、単価、金額を記帳することになりますが、このように原則どおりに記帳しなければならない農産物は、青色申告者（P203の問1等参照）の場合でも米麦等の穀物だけであり（収穫時には数量のみ記載すればよいことになっています。）、それ以外の農産物については、次のように簡略化して記帳することも認められています（平18課個5—3）。

（注） 白色申告者の場合は、収穫時には米麦等の穀物以外の農産物については、記載を省略することができることとされています（昭59大蔵省告示第37号の別表）。

1 生鮮野菜等

野菜等の生鮮な農産物（「生鮮野菜等」といいます。）については、収穫時の記帳はすべて省略することができます。また、販売時の記帳は、原則として米麦等の穀物と同じですが、数量と単価が明らかでないときは販売金額だけを記帳すれば足ります。

家事消費や贈与をしたものは、年末にまとめて金額だけを記帳します。

なお、年末の棚卸は、しないでよいことになっています。

2 その他の農産物

米麦等の穀物及び生鮮野菜等のいずれにも当たらない農産物（「その

他の農産物」といいます。）については、収穫時と販売時には上記１と同様に記帳すればよいこととされています。また、家事消費や贈与をしたものは、年末にまとめて数量、単価、金額を記帳します。

年末の棚卸時には、原則どおり数量、単価、金額を記帳しますが、数量が僅少な農産物については記帳を省略することも認められています。

〔農業を営む青色申告者の取引に関する記載事項の特例〕

	米麦等の穀類	生鮮野菜等	その他の農産物
収穫時の記帳	数量のみ記帳する	記帳しない	
販売時の記帳	数量、単価、金額を記帳する	数量、単価、金額を記帳する ただし、数量、単価については、明らかでない場合は省略	
家事消費等の記帳	年末に一括して数量、単価、金額を記帳する	年末に一括して金額のみを記帳する	年末に一括して数量、単価、金額を記帳する
棚卸表の記帳	数量、単価、金額を記帳する	記帳しない	数量、単価、金額を記帳する ただし、数量が僅少なものは省略

(注) 1　「生鮮野菜等」とは、①すべての野菜類及び②果物等のうち収穫時から販売又は消費等が終了するまでの期間が比較的短いもの（例えば、ぶどう、もも、なし、びわなど）をいいます。

2　「その他の農産物」とは、果物のうち収穫時から販売又は消費等が終了するまでの期間が比較的長いもの（例えば、みかん、りんご、くりなど）及びいも類等をいいます。

3　棚卸表に記帳する金額は、収穫時の価額によります。

10 「収穫基準」の適用を省略できる「生鮮野菜等」の範囲

問 「収穫基準」の適用を省略できる「生鮮野菜等」とは、どのようなものをいうのでしょうか。

〔回答〕 「生鮮野菜等」とは、すべての野菜類と、収穫時から消費時までの期間が比較的短い果物等をいいます（平18課個５—３）。

〔解説〕 「生鮮野菜等」については収穫時の記帳が省略できるなど、収穫基準の適用が大幅に緩和されていますが、この「生鮮野菜等」の範囲は、具体的には次のとおりとされています（平18課個５—３）。

(1)　すべての野菜類
(2)　果実等のうち収穫時から販売又は消費等が終了するまでの期間が比較的短いもの（例えば、ぶどう、もも、なし、びわなど）

したがって、㋑果実のうち、みかん、りんご、くりなどのように収穫時から販売又は消費等の終了するまでの期間が比較的長いもの、㋺甘しょ、馬鈴しょなどのいも類はこの生鮮野菜等には含まれません。

11　金銭以外の物による収入

問　農産物を売却し、その代金として金銭以外の物により受け取った場合には、農業所得の収入金額はどのように計上すればよいのでしょうか。

〔回答〕　金銭以外の物により収入した場合には、その物のその受け取った時の時価により収入金額に計上します。

〔解説〕　収入金額には、金銭による収入だけでなく、金銭以外の物又は権利その他経済的な利益も含まれることになっています（所法36①）。この場合には、その物や権利その他経済的な利益の価額は、その物や権利を取得し、又は経済的な利益を受けた時の価額（時価）によることとされています（所法36②）。

12　家事消費の場合の収入金額

問　農産物を家事消費した場合には、その分の収入金額を計上する必要はありますか。

〔回答〕　農産物を家事消費した場合には、通常他に販売する価額により収入金額に計上する必要があります。

〔解説〕　棚卸資産（農産物）を家事のために消費した場合には、その消費時におけるその資産の価額に相当する金額を、その消費した日の属する年分の農業所得の収入金額に算入することとされています（所法39）。

また、この場合の資産の価額は、通常他に販売する場合における価額により計算することと取り扱われています（所基通39－１）。

なお、農産物を家事消費した場合の収入金額の計上は、その家事消費をした農産物のその年中の収穫時の価額の平均額又は販売価額（市場等に対する出荷価格をいいます。）の平均額によって計算することも認められています（平18課個５－３）。

13　家事消費分を収入金額に計上する場合の簡便法

問　私は青色申告者です。米麦などの農産物を家事消費した場合にその都度記帳することは非常に面倒です。何か簡単な方法はないのでしょうか。

〔**回答**〕　家事消費分については、年末に一括して記帳することが認められています。

〔**解説**〕　青色申告者（P203の問1等参照）が米麦などの農産物を家事消費したときは、その都度「農産物受払帳」へ家事消費した農産物の数量、単価及び金額を記帳することとされていますが、実務上、家事消費の都度ではなく、年末に一括してその年の家事消費分を記帳することも認められています（平18課個5―3）。この場合、記帳する事項についても、農産物の種類に応じて次のようになっています。

農産物の種類	記帳する事項
①　米麦等の穀類	家事消費した農産物の数量、単価、金額
②　生鮮野菜等	家事消費した農産物の金額
③　その他の農産物	①に同じ。

（注）1　「生鮮野菜等」の具体的な範囲については⇨（P30の問9参照）

2　この表の「単価」は、家事消費した農産物のその年中の販売価額（市場等に対する出荷価格をいいます。）の平均額によって計算することも認められています。

なお、白色申告者の場合は、家事消費したものの種類別にその合計を見積り、それぞれの合計数量及び合計金額のみを年末に一括記載すればよいこととされています（昭59大蔵省告示第37号の別表）。

14　農産物を他人に贈与した場合

問　農産物を他人に贈与した場合、その分の収入金額を計上する必要がありますか。

〔回答〕　農産物を他人に贈与したときは、その農産物の時価を収入金額に計上する必要があります。

〔解説〕　農産物等の棚卸資産を他人に贈与した場合には、贈与した時における棚卸資産の価額に相当する金額を、その贈与した日の属する年分の収入金額に計上することとされています（所法40①一）。

また、農産物を、通常他に販売する価額に比べて著しく低い価額（通常他に販売する価額の７割相当額未満のものをいいます。）で売ったような場合にも、その通常他に販売する価額とその対価の額との差額のうち、実質的に贈与したと認められる部分について収入金額に計上することとされています（所法40①二、所基通40－２）。

なお、この場合の「実質的に贈与したと認められる部分」については、農産物の通常他に販売する価額の７割相当額からその対価の額との差額とすることが認められています（所基通40－３）。

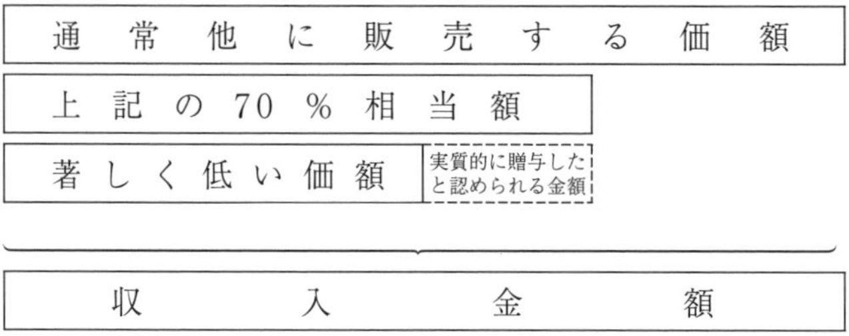

通常他に販売する価額	
上記の70％相当額	
著しく低い価額	実質的に贈与したと認められる金額
収入金額	

15　収入保険における保険料等の取扱い

問　私は青色申告をしている農家であり、令和２年１月１日から12月31日を保険期間として農業収入保険に加入していました。今般、出荷する農産物の市場価格が急落し、保険期間の収入が大幅に減少したことに伴い、保険金・特約補塡金の支払を受ける予定です。

この保険金・特約補塡金は、農業所得の計算上どのように取り扱われますか。

〔回答〕「保険金」及び「特約補塡金のうち国庫補助金相当額」は、保険期間の収入金額に計上する必要があります。

〔解説〕

1　保険金

ご質問の農業収入保険制度における保険金は、農業者の経営努力では避けることのできない自然災害や価格変動による収入の減少の補償としての性質をもつものであり、保険金支払事由が確定した保険期間の属する年分（令和２年分）の収入金額（農業収入の雑収入）に計上する必要があります（所令94①二）。

2　特約補塡金

ご質問の農業収入保険制度における特約補塡金は、掛捨による保険が成立した場合において積み立てをすることのできる積立金の返戻金及び国庫補助金相当額から成るものであり、収入の減少具合により保険金としての支払ができない部分を補完するために支給されるものです。

したがって、その性質は、農業者の経営努力では避けることのできない自然災害や価格変動による収入の減少の補償としての性質をもつものであり、特約補填金のうち国庫補助金相当額については、1の保険金同様、保険金支払事由が確定した保険期間の属する年分（令和2年分）の収入金額（農業収入の雑収入）に計上する必要があります（所令94①二）。

保険金		収入金額に計上
特約補填金	返戻金分	収入金額に計上せず（資産負債項目）
	国庫補助金相当分	収入金額に計上

〔参考〕 農業収入保険制度の仕組み

農業収入保険制度は、次の(1)から(5)までの保険内容に基づき、基準収入（過去5年間の平均収入）に一定の割合を乗じて補償限度額を設定し、補償対象年の収入が補償限度額を下回った場合に保険金を支給する制度です（任意加入）。

(1) 加入できる方

原則として、青色申告（P203の問1等参照）を5年継続して行っている農業者（新規で青色申告を行う場合には、1年間の青色申告の実績がある農業者）（個人・法人）

※ 青色申告のうち「現金主義の所得計算の特例」（P211の問5参照）を受けている者は対象外です。

(2) 保険期間

1月1日から12月31日の1年間（個人の場合）

(3) 保険料等の納付

加入を希望する農業者は、上記保険期間の開始前までに実施主体（全国農業共済組合連合会）に対して加入申請を行い、保険料（掛捨）、付加保険料（事務費）を納付します。

さらに、保険金としての支払ができない部分を補完するために特約として積立金の積み立てをすることができます（積立方式）。

※　保険料・付加保険料（事務費）は50%、積立金は75%の国庫補助があります。

(4) 保険金等の支払事由

農業者自らが生産した農産物の販売収入全体を対象となる収入とし、避けることのできない自然災害や価格変動による収入の減少。

(5) 保険金等の支払

保険期間終了後の所得税の確定申告後に、農業者の支払請求及び実施主体（全国農業共済組合連合会）の手続を経て確定した後、支払が行われます。

積立方式については、上記保険金と同様の確定手続を経た後、特約補填金（積立金を原資とする返戻金部分と国庫補助金相当部分から成ります。）の支払が行われます。

（参考：加入・支払等手続のスケジュール）

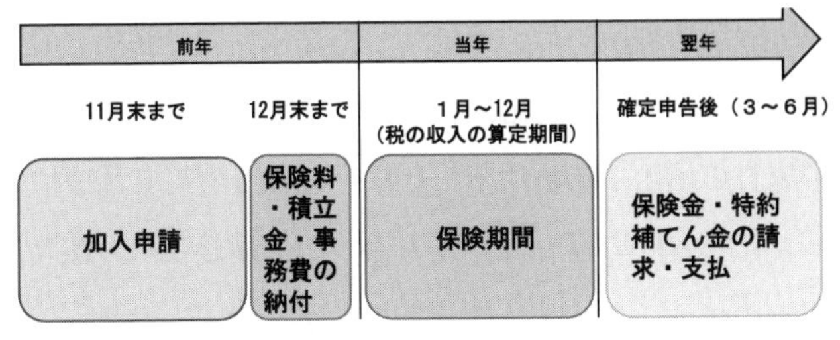

16　収入保険における保険料等の収入計上時期

問　前問のケースにおいて、実際に保険収入の保険金等の支払を受けるのは、保険期間の翌年（令和3年：令和2年分の確定申告後）になると聞いています。この保険金等は翌年分（令和3年分）の収入金額として申告すればよいですか。

〔回答〕　収入保険の保険金等は保険期間（令和2年分）の収入金額として申告する必要があります。

〔解説〕　一般的に、生命保険契約等に基づく一時金又は損害保険契約等に基づく満期返戻金のようなものの収入金額の計上時期については、「支払を受けるべき事実が生じた日」とされています（所基通36—13）。

収入保険制度は農業者の避けることのできない自然災害や価格変動による収入の減少を補償するものであり、その保険金の「支払を受けるべき事実が生じた日」は、その「自然災害や価格変動による収入の減少」の事実が生じた日、すなわち保険期間の末日であると考えられます。

また、収入保険の保険料は、原則として保険期間の必要経費とされていることから、費用と収益の対応関係の観点からも保険金の収入計上時期を保険期間の末日の属する年とすることは合理的と考えられます。

したがって、ご質問の場合は、収入保険の保険金はその保険金に係る保険期間の末日の属する年分である令和2年分の事業（農業）所得の収入金額に計上する必要があります。

この場合、令和3年の申告時点にあっては、保険金の確定額はまだ通知されていないため、確定申告を行うに当たっては、「全国農業共済組合連合会」が提供する保険金及び特約補填金の見積ができるツールを用いて見積額を算出の上、申告してください。

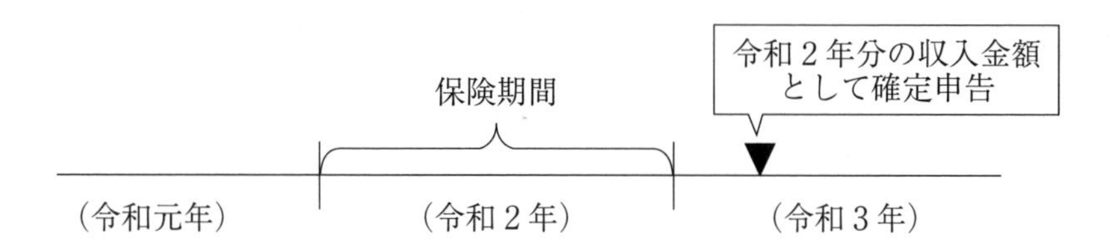

17　収入保険の見積額と確定額とに差額が生じた場合の取扱い

問　問15のケースにおいて、農業収入保険の保険金等については、その保険金等に係る保険期間の収入金額となるため、「全国農業共済組合連合会」が提供する保険金等の見積ができるツールを用いて見積額を算出の上、令和２年分の確定申告をしました。その後、実際に保険金等の支払を受けたところ、その見積額と保険金等の確定額に差額が生じていることがわかりました。この場合には、どのような処理をすればよいでしょうか。

〔回答〕　保険金等の見積額と確定額が相違した場合には、原則として保険期間の収入金額を遡及して訂正する必要があります。

〔解説〕　農業収入保険の保険金等については、その保険金等の保険期間の収入金額として申告とする必要がありますが（前問参照）、確定申告を行う段階においてその金額は確定していません。そこで、確定申告については、「全国農業共済組合連合会」が提供する保険金等の見積ができるツールを用いて見積額を算出の上、行う必要があります。

保険金等の見積額により確定申告がなされ、当該見積額と実際に支払われた保険金等の額との間に差額が生じた場合、原則として保険期間の収入金額を遡及して訂正する必要があります。

ただし、その開差額が少額（※）であるときは、保険期間の年分の所得金額を訂正することに代え、保険期間の翌年の所得金額の計算上、当該差額を減算又は加算して調整することができます。

ご質問の場合は、見積額と保険金等の確定額の差額について、原則として令和２年分の申告を修正する必要がありますが（通法19）、その差額が少額であると認められる場合には、令和３年分の収入金額又は必要経費として差額を調整することができます。

※　例えば、その差額が10万円以下の場合は該当します。

原則		過年分に遡及して訂正
例外	差額が少額の場合	現行年分において差額を加減算して調整

18　果樹共済金の取扱い

問　台風により果樹園に被害を受けたため、果樹共済金60万円（収穫共済金45万円、樹体共済金15万円）の支給を受けました。

これらの共済金は、農業所得の計算上どのように取り扱われますか。

〔回答〕　収穫共済金は収入金額に計上し、樹体共済金は非課税とされます。

〔解説〕　収穫共済金は、台風などの災害によって収穫が減少した部分の収益の補償としての性質をもつものですから、災害を受けた果実の収穫期の属する年分の収入金額に計上することとされています（所令94①一、昭48直所4－10）。

また、樹体共済金は、果樹の損傷に対して支給されるものであることから、原則として課税されません（所令30①二）。しかし、損傷を受けた果樹について、その資産損失の金額を計算する場合には、その樹体損失の金額から樹体共済金の額を差し引いた金額が必要経費に算入されることになっています（所法51①）。

したがって、ご質問の場合、例えば災害による樹体損失が20万円であると仮定すると、まず収穫共済金45万円は収入金額に計上し、次に樹体損失20万円から樹体共済金15万円を差し引いた5万円を資産損失として必要経費に算入することになります。

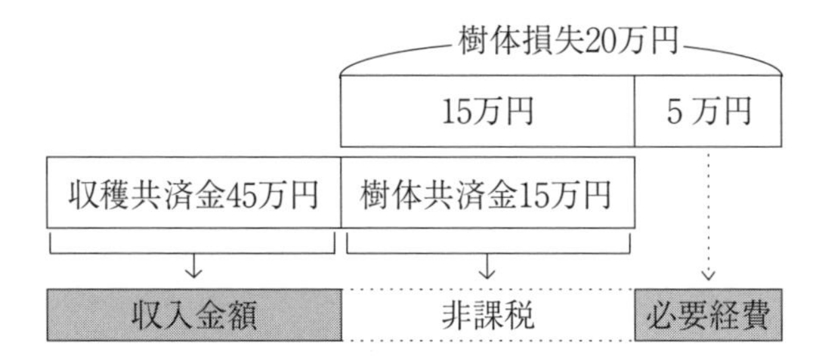

（注）　樹体損失の額を超える樹体共済金を受け取った場合には、その超える部分の金額は非課税となります（所令30①二）。

19　果樹共済金の収入金額の計上時期

問　果樹共済金の収穫共済金を被害を受けた年の翌年に受けました。この収穫共済金は、翌年分の収入金額になるのでしょうか。

〔**回答**〕　収穫共済金は、被害を受けた果実の収穫期の属する年分の収入金額とされます。

〔**解説**〕　収穫共済金の収入金額に計上すべき時期は、実際に共済金の支払を受けた日や支払金額の通知を受けた日ではなく、災害を受けた果実の収穫期の属する年分とされています（昭48直所４―10）。例えば、収穫期の本年11月に被害を受け、本年12月初旬に共済金の支給を申請し、翌年１月中旬共済金の支給額が確定して、農業共済組合から支給額の通知を受け取り、２月に共済金が実際に支給された場合には、この共済金は、本年分の収入金額に計上することになります。

なお、共済組合からの支給額の通知が翌年３月以降になるなど、確定申告期限までに収穫共済金の額が確定していない場合には、農業共済組合において計算された概算払額を参考にして共済金の見積額を算出し、この見積額を本年分の収入金額に計上することになります（見積額と確定額とに差額が生じた場合の取扱いは、次問を参照してください。）。

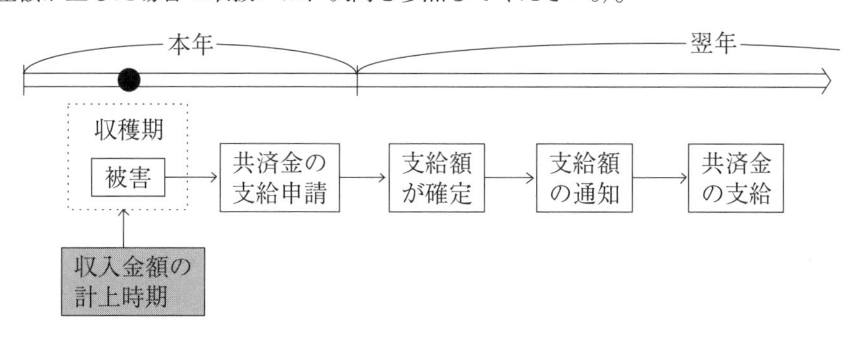

20　果樹共済金の見積額と確定額とに差額が生じた場合の取扱い

問　果樹共済の収穫共済金の額が確定申告時までに確定しなかったため、見積額により申告しました。

ところが、その後通知を受けた共済金額（確定額）と見積額とにかなり食い違いが出てしまいました。この場合には、どのような処理をすればよいのでしょうか。

〔回答〕　収穫共済金の見積額と確定額とが相違した場合は、原則としてその年分に遡及して訂正します。

〔解説〕　果樹共済の収穫共済金の額が確定申告期限までに確定しないため、収穫共済金の見積額によって収入金額に計上した場合に、その後確定した共済金の額が見積額と相違したときは、原則として、被害を受けた果実の収穫期の属する年分に遡って所得金額を是正することになっています（所法36）。

したがって、共済金の確定額の方が見積額よりも多かった場合には、修正申告書を提出して当初申告した所得金額を増額修正し（通法19）、また逆に、共済金の確定額の方が見積額よりも少なかった場合には、更正の請求書を提出して当初申告した所得金額を減額することになります（通法23）。

ただし、その開差額が少額（おおむね10万円以下）であると認められるときには、翌年分の農業所得の金額の計算上、その開差額を減算又は加算して調整することもできることになっています（昭48直所４―10）。

なお、この場合の見積額は、原則として農業共済組合において計算された収穫共済金の概算額によるものとされています。

21　未成木から穫れた果実の取扱い

問　未成木から収穫した果実の収入は、どのようにすればよいのでしょうか。

〔回答〕　未成木から収穫した果実の収入金額は、原則としてその未成木の取得価額から減額します。

〔解説〕　ぶどう樹などの果樹は減価償却資産に該当しますが（所令6九ロ）、減価償却資産である果樹がまだ成木に達しない間にその果樹から果実が収穫された場合には、原則として、その果実の価額は収入金額に計上するのではなく、果樹の取得価額を計算する際に、取得価額を構成する育成費などの費用からその果実の価額に相当する金額を控除することとされています（所基通49―12(1)）。

なお、これには例外的な取扱いがあって、毎年継続して同一方法によることを条件に、未成木の果樹から収穫した果実の価額を収入金額に計上する方法が認められています（平18課個5―3）。この方法を選択した場合には、取得価額を構成する育成費などの費用から上記果実の価額に相当する金額を差し引く必要はありません。

22　未成木から穫れた果実の取扱い（具体的計算例）

問　次の場合、具体的にどのように計算すればよいのでしょうか。

①　本年分の農業所得の収入金額　800万円（このうち15万円は未成木の果樹から収穫した果実の収入）

②　本年分の必要経費　300万円（このうち20万円は果樹の育成費）

③　この果樹には、前年までに180万円の育成費がかかっている。

〔回答〕　本年分の農業所得と果樹の育成費などの累積額は、次のようになります。⇨前問参照

〔解説〕

1　原則計算の場合

イ　農業所得の計算

〈収入金額〉〈未成木の果実分〉〈必要経費〉〈育成費〉

（8,000,000円 － 150,000円）－（3,000,000円 － 200,000円）

＝5,050,000円……本年分の農業所得

ロ　果樹の取得価額の計算

〈前年までの累積額〉〈本年分育成費〉〈未成木の果実分〉

1,800,000円 ＋ （200,000円 － 150,000円）

＝1,850,000円……本年末の累積額

2　例外的取扱いの場合

イ　農業所得の計算

〈収入金額〉〈必要経費〉〈育成費〉

8,000,000円 －（3,000,000円 － 200,000円）

＝5,200,000円……本年分の農業所得

ロ　果樹の取得価額の計算

〈前年末までの累積額〉〈本年分育成費〉

1,800,000円　＋　200,000円

＝2,000,000円……本年末の累積額

23　国庫補助金等の課税上の取扱い

問　国庫補助金の交付を受け、その交付目的にしたがって農機具（固定資産）を購入しました。

この場合、どのように処理すればよいのでしょうか。なお、既に補助金は返還を要しないことが確定しています。

〔**回答**〕　交付目的に従って農機具を取得したため返還する必要のないことが確定した国庫補助金等は、収入金額に計上しません。

〔**解説**〕　固定資産の取得又は改良に充てるために国庫補助金等の交付を受け、交付を受けた年中にこれらの補助金でその交付目的にそった固定資産の取得又は改良をした場合には、その補助金を返還する必要がないことがその年の12月末（年の中途において、死亡し又は出国をした場合には、その死亡又は出国の時）までに確定した場合に限り、その取得や改良に充てた金額は収入金額に計上しないこととされています（収入金額不算入）。

なお、収入金額に計上しないこととされた国庫補助金等で取得又は改良した固定資産の取得価額を計算するときは、実際に取得に要した金額から国庫補助金相当額を控除した金額が取得価額とみなされます（所法42①⑤、所令90一）。

※　この収入金額不算入の取扱いは、原則として確定申告書にこの取扱いより収入金額が不算入となる金額などの記載がある場合に限り、適用されます（所法42③）。

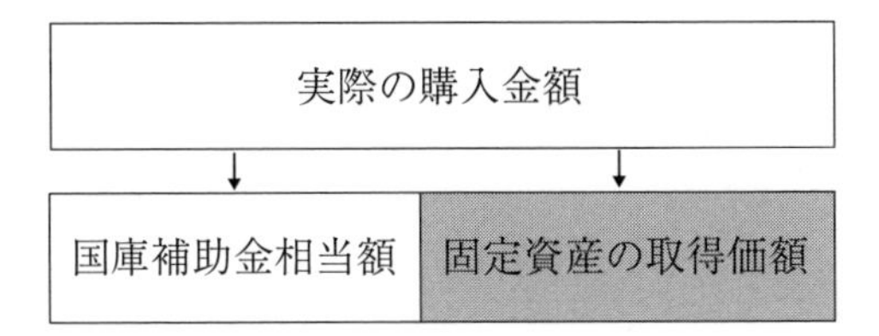
実際の購入金額
国庫補助金相当額
固定資産の取得価額

24　条件付国庫補助金等の課税上の取扱い

問　1　県から国庫補助金等の交付を受け、年内にその交付目的に適合した農機具（固定資産）を取得しました。しかし、年内に補助金等の返還を要しないことが確定しませんでした。この場合には、国庫補助金等の取扱いはどうなりますか。

2　また、交付を受けた年の翌年にその返還を要しないことが確定した場合には、どのように取り扱われますか。

〔回答〕　返還が必要かどうか未確定の国庫補助金等は、確定まで収入金額に計上しません。翌年以降返還しないことが確定したときにおいて、補助金のうち既に必要経費として算入した減価償却費の額に対応する額を収入金額に計上します。

〔解説〕

1　国や都道府県等から国庫補助金等の交付を受けた場合

その国庫補助金等を返還を要しないことが12月末（年の中途において、死亡し又は出国をした場合には、その死亡又は出国の時。以下同じです。）までに確定した場合には、前問の回答にあるとおりに取り扱われます。また、その国庫補助金等を返還する必要のないことがその年の12月末までに確定していないときは、その国庫補助金等はその交付を受けた年の収入金額に計上しないこととされています（所法43①）。

2　その年の翌年以後国庫補助金等の返還を要しないことが確定した場合

この場合、国庫補助金等で取得又は改良した固定資産が減価償却資産であるときは、次の算式で計算した金額をその返還を要しないことが確定した年の収入金額に計上することになります（所法43②、所令91①）。

イ　補助金を減価償却資産の取得に充てたとき

$$\left(\begin{array}{l}\text{返還を要しない}\\\text{ことが確定した}\\\text{部分の補助金}\end{array}\right) \times \frac{\left(\begin{array}{l}\text{その減価償却資産の取得の日から}\\\text{補助金の返還を要しなくなった日}\\\text{までの期間の減価償却費の累積額}\end{array}\right)}{\left(\begin{array}{l}\text{その減価償却資産の}\\\text{取得に要した金額}\end{array}\right)}$$

ロ　補助金を減価償却資産の改良に充てたとき

$$\left(\begin{array}{l}\text{返還を要しない}\\\text{ことが確定した}\\\text{部分の補助金}\end{array}\right) \times \frac{\left(\begin{array}{l}\text{その減価償却資産の改良の日から補助金}\\\text{の返還を要しなくなった日までの期間の}\\\text{改良に要した金額の減価償却費の累積額}\end{array}\right)}{\left(\begin{array}{l}\text{その減価償却資産の}\\\text{改良に要した金額}\end{array}\right)}$$

※　この収入金額不算入の取扱いは、原則として確定申告書にこの取扱いより収入金額が不算入となる金額などの記載がある場合に限り、適用されます（所法43④）。

25　現金主義による収入金額の計算

問　現金主義について説明してください。

〔回答〕　現金主義を選択すると、その年に実際に収入した金額が収入金額とされます。

〔解説〕　現金主義を選択した場合には、その年において①実際に収入した金額（金銭による収入のほか、金銭以外の物又は権利その他経済的利益による収入も含まれます。）と、②農産物などの棚卸資産を家事消費や贈与した場合の収入金額との合計額を収入金額に計上することとされています（所法67、所令196）。

この場合には、農産物に関する「収穫基準」（P20の問2参照）も適用されませんから、農産物を収穫した際の収入金額への計上は必要ありません。

この現金主義を選択しますと、収入金額だけでなく、必要経費の計算についてもこの基準が適用されます。したがって、肥料や農薬を購入しても実際にその購入代金を支払うまでは必要経費に計上されませんし、また、年末の棚卸もする必要はないことになります。

26　現金主義による収入金額の計算が認められる場合

問　現金主義は、どのような場合に認められるのでしょうか。

〔回答〕　前々年分の所得が300万円以下の青色申告者で所定の届出書を提出期限までに税務署長に届け出た場合は、現金主義が認められます。

〔解説〕　現金主義による所得計算の選択が認められるのは、「小規模事業者」に限られます。

この「小規模事業者」というのは、次の(1)～(3)のいずれにも該当する人とされています（所法67、所令195）。

(1)　青色申告者で、事業（農業）所得又は不動産所得を生ずべき業務を行っていること。

(2)　現金主義を選択する年の前々年分の事業（農業）所得及び不動産所得（青色専従者給与又は事業専従者控除を差し引く前の金額）の合計額が300万円以下であること。

(3)　既に現金主義の適用を受けたことがあり、しかもその後適用を受けないこととなった人である場合は、再びこの現金主義によることについて税務署署長の承認を受けていること。

なお、現金主義の適用を受けようとするためにはその旨の届出書（資料2、4参照）を、受けようとする年の３月15日までに税務署長に提出しなければなりません（所令197①）。

また、この適用を受けることを止めようとする場合にも、その止めようとする年の３月15日までにその旨の届出書を税務署長に提出する必要があります（所令197②）。

27　消費税の還付税額の収入金額の計上時期

問　消費税について税込経理方式を採用しています。消費税の還付税額は、いつの時点の収入金額に計上すればよろしいのでしょうか。

〔回答〕　原則として、消費税の申告書を提出した年の収入金額に計上することになります。

〔解説〕　消費税について税込経理方式を適用している場合の納付すべき消費税額の必要経費の算入時期については、原則として申告書を提出した日とされていますが、還付税額の収入金額の計上時期についてもこれと同様に取り扱われます。

具体的には、税込経理方式を適用している個人事業者が還付を受ける消費税は、次に掲げる日の属する年の事業（農業）所得の金額の計算上、収入金額に算入されます（平元直所3－8「8」）。

① 消費税の申告書に記載された還付税額……消費税の申告書が提出された日

② 減額更正にかかる税額……更正があった日

ただし、申告期限未到来の消費税の申告書に記載すべき消費税の還付税額を未収入金に計上したときのその金額については、その未収入金に計上した年の事業（農業）所得の金額の計算上、収入金額に算入することも認められています。

28　農業用少額減価償却資産の譲渡による収入

問　農業用の固定資産（取得価額10万円未満の少額減価償却資産）を売却したことによる収入は、事業（農業）所得の収入となるのでしょうか。なお、譲渡した資産は、業務の性質上基本的に重要なものではありません。

〔回答〕　農業の用に供する少額減価償却資産の譲渡による収入は、原則として事業（農業）所得として取り扱われます。

〔解説〕　農業の用に供する土地、建物、機械、器具備品、果樹などの固定資産の譲渡による収入は、事業（農業）所得の収入金額とはせず、譲渡所得の収入金額とします（所法33）。

ただし、取得価額が10万円未満の減価償却資産は、少額減価償却資産として取り扱われており、少額減価償却資産を譲渡した場合の所得は、原則として譲渡所得とならず、事業（農業）所得、不動産所得又は雑所得となります（所法33②一、所令81二）。

なお、少額減価償却資産であっても、「その者の業務の性質上基本的に重要なもの」（以下「少額重要資産」といいます。）に該当する場合は、その譲渡による所得は譲渡所得となります（所令81二）。

（注）　減価償却資産や少額重要資産であっても、養鶏業の採卵鶏や養豚業の繁殖豚や種豚のように、事業の用に供された後に反復継続して譲渡することがその事業の性質上通常である資産については、譲渡所得とはならず事業（農業）所得となります（所基通27―１）。

したがって、ご質問の場合の固定資産の譲渡代金は、事業（農業）所得の収入金額に算入します。

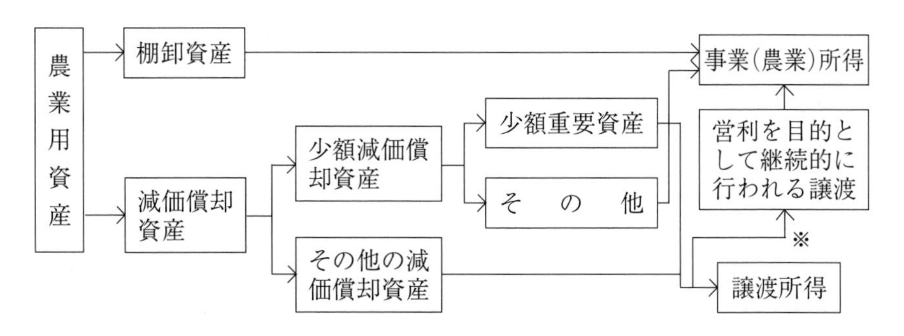

※　反復継続して譲渡することが、その事業の性質上通常である資産

29　養鶏業における採卵用鶏の譲渡による収入

問　私は、農業のほかに養鶏業を営んでいますが、採卵用の鶏を事業の用に供した後売却しています。この売却代金は、所得計算上どのように取り扱いますか。

〔回答〕　採卵鶏を事業の用に供した後、営利を目的として反復継続して譲渡している場合には、事業（農業）所得の収入金額に計上します。

〔解説〕　事業用資産のうち、棚卸資産や少額重要資産（前問参照）以外の少額減価償却資産（前問参照）の譲渡による所得は事業（農業）所得、その他の減価償却資産の譲渡による所得は譲渡所得として取り扱われていますが、「営利を目的として継続的に行われる資産の譲渡による所得」は、譲渡所得から除外されています（所法33②一）。

したがって、ご質問の場合の採卵鶏の譲渡は、養鶏業の性質上経常的に行われているものですから、その譲渡による所得は事業（農業）所得に該当するものとして取り扱われます（所基通27―１）（前問の図を参照）。

30　コンバインによる稲刈り作業収入

問　わが家では昨年大型コンバインを購入しましたが、隣家から稲の刈り取り作業の依頼を受け、その作業報酬として15万円の支払を受けました。この報酬はどのように取り扱えばよいのでしょうか。

〔回答〕　原則として事業（農業）所得の収入金額となります。

〔解説〕　隣家からの依頼によるコンバインによる農作業が、「農業経営の一環」としてなされたものかどうかにより、この作業報酬の課税上の取扱いが異なる場合があります。すなわち、コンバインによる農作業がその所有者の農業経営の一環として行われたものであればその報酬は事業（農業）所得の収入金額に計上されます。通常の場合は、コンバインのような農業経営に基本的に重要な機械装置を使用する作業は、農業経営の一環として行われるものと考えられますので、その報酬は事業（農業）所得の収入金額（付随収入）となります。

31　農事組合法人から支払を受ける従事分量配当

問　農事組合法人○○組合からいわゆる従事分量配当（○○組合の事業に従事した程度に応じて支払われる分配金）の支給を受けました。この従事分量配当は、どのように取り扱えばよいのでしょうか。

なお、○○組合は、その事業に従事する組合員に対して給与を支払っていません。

〔回答〕　組合員に給与を支給しない農事組合法人から支給を受けた従事分量配当は、事業（農業）所得とされます。

〔解説〕　農事組合法人は、同組合の事業に従事する組合員に対して給与を支払うほか、定款で定めるところにより、組合員に対して剰余金の配当をすることが認められています。この剰余金の配当は、①同組合の事業の利用分量の割合に応じて支払われるもの（例えば施設の利用に伴って支払うこととしている利用料など）、②組合員が同組合の事業に従事した程度に応じて支払われるもの（従事分量配当）、③組合員の出資額に応じて支払われるものの３つに限られます。

これらの配当のうち従事分量配当（上記②の配当）については、その配当を支払う農事組合法人が同組合員に対して給与（給料、賃金、賞与その他これらの性質を有する給与をいいます。）を支給しているかどうかにより、所得計算上、次のように取り扱うこととされています（所令62、所基通23～35共―４）。

⑴　組合の事業に従事する組合員に対して給与と従事分量配当の両方を支給している場合

⇨　この場合には、従事分量配当は、その支給を受けた組合員の所得計算上配当所得として取り扱われます。

⑵　組合の事業に従事する組合員に対して給与を支給せず、従事分量配当を支給している場合

⇨　この場合には、従事分量配当は、その支給を受けた組合員の所得計算上原則として事業（農業）所得として取り扱われます。

ご質問の場合、○○組合はその事業に従事する組合員に対して給与を支給していないので、○○組合から支給を受けた従事分量配当は、事業（農業）所得の収入金額となります。

32　野菜価格安定制度に基づき支払を受けた補給金の取扱い

問　農協から私の口座に、野菜価格差補給金と加工原料用果実生産者補給金の振り込みがありました。これらの補給金はどのように取り扱えばよいのでしょうか。

〔回答〕　これらの補給金は、事業（農業）所得の収入金額となります。

〔解説〕　野菜価格差補給金は、「野菜生産出荷安定法」（昭和41年法律第103号）に基づいて野菜価格の安定を図るため野菜価格が低落した場合に野菜価格安定制度に基づき交付されるものです。

また、加工原料用果実生産者補給金は、農林水産省が果実の価格の安定を図るために定めている果実等生産出荷安定対策実施要綱に基づいて、加工原料用果実の価格が低落した場合に都道府県の果実生産出荷安定基金協会から交付されるものです。

したがって、これらの補給金は、いずれも農家の収入金額に代わる性質を有するものと考えられますので、事業（農業）所得の収入金額になります（所令94①二）。

33　損害賠償金等の課税上の取扱い

問　野菜を出荷するためトラックで搬送中に交通事故に遭い、私が負傷したほか積荷の野菜やトラックの車体に損害を被りました。事故の責任は相手方にあるため、次のような損害賠償金等を相手方から受け取りましたが、これらの課税関係はどうなりますか。

㋑　傷の治療費30万円

㋺　入院中や加療中の所得の補償分12万円

㋩　積荷の野菜に関する損害賠償分12万円

㋥　トラックの修理代27万円

㋭　負傷による苦痛等に対する慰謝料50万円

㋬　親戚や友人からの見舞金５万円

〔回答〕　損害賠償金等の性格に応じて、非課税とされ、あるいは事業（農業）所得の収入金額に計上することになります。

〔解説〕

1　非課税とされる損害賠償金等

損害賠償金等のうち次表に掲げるものその他これらに類するものは、非課税とされています（所法９①十七、所令30）。ただし、これらのうちに被害者の事業（農業）所得等の計算上必要経費に算入される金額を差し引いた部分の金額が非課税となります。

表１《非課税とされる損害賠償金等》

①　心身に加えられた損害につき支払を受ける慰謝料その他の損害賠償金（その損害に基因して業務に従事できなかったことによる給与や収

益の補償として受けるものを含みます。）
② 不法行為その他突発的事故により資産に加えられた損害につき支払を受ける損害賠償金（次の表２に掲げるものを除きます。）
③ 心身又は資産に加えられた損害につき支払を受ける相当の見舞金（次の表２に掲げるものその他役務提供の対価としての性質をもつものを除きます。）

2　課税対象とされる損害賠償金等

損害賠償金等のうち、次表に掲げるもので収入金額に代わる性質をもつものについては、非課税とはならず、その支払を受けた者の事業所得等の収入金額に計上することとされています（所令94①）。

表２《課税対象とされる損害賠償金等》

① 棚卸資産、棚卸資産に準ずる資産、山林、工業所有権や著作権等について損失を受けたことにより取得する保険金、損害賠償金、見舞金その他これらに類するもの
② 業務の全部又は一部の休止、転換又は廃止その他の事由によりその業務の収益の補償として取得する補償金その他これに類するもの

3　本問の処理

ご質問の場合は、損害賠償金等の性格に応じて次のように課税上取り扱われることになります。

まず、傷の治療費30万円（㋑）、入院中や加療中の所得の補償分12万円（㋺）、負傷による苦痛等に対する慰謝料50万円（㋭）、親戚や友人からの見舞金５万円（㋬）は、それぞれ表１のいずれかに当たりますから

非課税になるものと考えられます。

なお、傷の治療費30万円は、医療費控除を受ける場合には、支払った医療費の金額から差し引きます。

トラックの修理相当額（㈡）は表1の②に当たりますが、事業（農業）所得の計算上トラック修理代が必要経費に算入されますので、これとの見合いで、トラック修理代相当額27万円は事業（農業）所得の収入金額に計上することになります。

積荷の野菜に関する損害賠償分12万円（㈥）は、表2の①に当たりますから、事業（農業）所得の収入金額に計上することになります。

34　農業協同組合に水田経営を委託した場合の収益

問　私は、農協の「受託農業経営事業」に水田の耕作を委託し、収益の配分を受けました。この収益の配分は、どのように取り扱えばよいのでしょうか。

〔回答〕　収益の配分は、委託農家の事業（農業）所得の収入金額となります。

〔解説〕　組合員に出資をさせる農業協同組合は、組合員から委託を受けて「受託農業経営事業」を行うことができますが、この受託農業経営事業から生ずる収益は、原則として委託者の事業（農業）所得の収入金額とされます（昭47直所３—１）。

また､受託農業経営事業にかかる事業（農業）所得の計算については､次の算式の**1**により行うのが原則ですが、この計算を省略して、受託者（農業協同組合）がその年の12月31日現在で仮決算をした結果により委託者に通知された配分見込額を事業（農業）所得の収入金額とし、その委託農地にかかる固定資産税及び受託農業経営事業の用に供された減価償却資産の償却費等を必要経費として次の算式の**2**により計算することも認められています。

《受託農業経営事業にかかる農業所得の算式》

1　原則計算

$$\left(\begin{array}{l}\text{受託農業経営事業にかかる}\\\text{総販売額(共済金等を含む。)}\end{array}\right)\times\frac{\left(\begin{array}{l}\text{基準収量により算定した}\\\text{当該委託者の収量の合計}\end{array}\right)}{\left(\begin{array}{l}\text{基準収量により算定した受託農}\\\text{業経営事業にかかる収量の合計}\end{array}\right)}$$

$$-\left(\begin{array}{l}\text{当該委託者の委託面積等を基}\\\text{にして算定した「受託経費」}\end{array}\right)-\left(\begin{array}{l}\text{委託農地にかかる}\\\text{固定資産税等Ⓐ}\end{array}\right)$$

$$=\left(\begin{array}{l}\text{当該委託農業経営事}\\\text{業にかかる農業所得}\end{array}\right)$$

（注）1　「受託経費」には、資材費、共済掛金、事務管理費、作業費などが含まれています。

2　上記算式中Ⓐ以外の金額は、受託者がその帳簿に基づいて計算し、各委託者に通知することになります。

2　簡易計算

（委託者から通知された配分見込額）－（委託農地にかかる固定資産税等）＝（受託農業経営事業にかかる農業所得）

35　個人間における受託耕作の所得区分

問　私は、農業を営んでおりますが、人手不足のため農地の一部の耕作を知人Ａ氏に委託しております。この農地からの収益については、６割をＡ氏が４割を私が受け取る約束です。

私が受け取る収益は何所得になりますか、またＡ氏の受け取る収益は何所得になりますか。

なお、この農地については、農地法第３条第１項の規定による農業委員会の許可は受けておりません。

〔回答〕　委託者（私）と受託者（Ａ氏）ともそれぞれ事業（農業）所得になります。

〔解説〕　農地法第３条第１項（農地又は採草放牧地の権利移動の制限）の規定による農業委員会の許可を受けないで、他人に農地を耕作させている場合の当該農地に係る所得の種類は、次によることとされています（昭47直所３―１）。

①　他人に農地を耕作させ、その対価を受ける者（いわゆる委託者）の当該農地から生ずる利益は、原則として事業（農業）所得に該当します。

②　他人の農地を耕作している者（いわゆる受託者）の当該農地から生ずる収益（当該農地の受託耕作により委託者から受ける報酬を含みます。）は、事業（農業）所得に該当します。

したがって、ご質問の場合には、受託者であるＡ氏が分配を受ける収益（６割分）と私が分配を受ける収益（４割分）とは、いずれもそれぞれの者の事業（農業）所得となります。

36　農機具の貸付けによる所得

問　私は知人に私の所有している動力田植機を貸しました。その謝礼として15万円を支払ってくれましたが、この15万円はどのように取り扱えばよいのでしょうか。

〔回答〕　原則として事業（農業）所得の収入金額となります。

〔解説〕　農機具のような動産の貸付けによる所得は、その貸付けが事業として行われている場合には事業（農業）所得とされ、それ以外の場合には原則として雑所得とされます（所基通35—2⑴）。

しかし、その貸付けが事業として行われていない場合であっても、事業（農業）の遂行に付随して貸し付けられたものであれば、事業（農業）所得の付随収入として事業（農業）所得の収入金額に計上することになります（所基通27—5）。

ご質問の場合には、農業経営に使用するために所有している農機具を他へ貸付けることによりその謝礼金を受け取ったのですから、この謝礼金15万円は事業（農業）所得の収入金額（付随収入）となります。

37　農業と他の事業との一貫事業による収入

問　私は、ぶどう園を経営しておりますが、収穫したぶどうは、①市場出荷による販売、②観光農園による販売、③ぶどう液に加工しての販売の三通りの方法で販売しております。

　これらのすべての所得を農業所得として申告してよいのでしょうか。

〔回答〕　農業所得と農業以外の事業所得に区分して申告することになります。

〔解説〕　農業を営む人が、観光農園、植木販売業、製茶業、ぶどう液製造業、漬物製造業等を兼営し、自己が栽培した農作物を農家が通常販売する方法以外の方法で販売したり、製造加工を行って販売する場合の所得区分は、原則として、収穫時の形状で販売する場合の所得は農業所得とし、また、収穫した農作物を原料として製造加工を行って販売する場合の所得は、農業所得と農業以外の事業所得に区分することが妥当と考えられます。

　したがって、ご質問の場合、①市場出荷による販売及び②観光農園による販売の部分は、いずれも収穫時の形状で販売しますので、すべて農業所得とし、③ぶどう液に加工して販売する部分は、製造加工を行って販売しますので、農業所得と製造業の事業所得に区分することとなります。

　この場合の所得の区分計算は、次のとおりとなります。

1　農業所得については、農産物を収穫した時の通常他に販売する生産者販売価額を収入金額として計算します。
2　製造業の事業所得については、上記1により農業所得の計算上収入金額とした金額を、棚卸資産の取得価額（原材料の仕入価額）として計算します。

（参　考）

観光農園等を営む者の仕入販売に係る所得は、すべて農業所得以外の事業所得として取り扱われます。

38　一貫事業において農業所得と農業以外の事業所得に区分する必要性

問　私は、農業を営んでおりますが、収穫した農産物を加工して販売しております。

この場合、農業所得と農業以外の事業所得に区分して申告する必要があるとのことですが、なぜ区分する必要があるのでしょうか。

〔回答〕　所得税の計算上は、区分する実益はありませんが、特別農業所得者の判定及び個人事業税（地方税）の計算上区分する必要があります。

〔解説〕　所得税を計算する上においては、農業所得と農業所得以外の事業所得は、いずれも課税される事業所得であり、特に区分する実益はありませんが、予定納税の特例の適用を受ける特別農業所得者の判定に当たっては、これを区分する必要があります。

この特別農業所得者とは、その年において農業所得（(注) 参照）の金額が総所得金額の10分の７に相当する金額を超え、かつ、その年の９月１日以降に生ずる農業所得の金額がその年中の農業所得の金額の10分の７を超える者をいい（所法２①三十五）、予定納税は、一般の場合と異なり予定納税基準額の２分の１に相当する金額を11月（第２期）に納付すればよいことになります（所法107）。なお、この特例を受けるためには、所定の事項を記載した申請書（資料10）を承認を受けようとする年の５月15日までに税務署長に提出して、承認を受ける必要があります（所法110）。

また、農業所得以外の事業所得（農業に附随して行う畜産業は除きます。）は、地方税における個人事業税が課税されますのでそれぞれ区分して申告する必要があります（地方税法72の２）。

（注）上記の場合の農業所得とは、①米・麦その他の穀物、馬鈴しょ、甘しょ、たばこ、野菜、花、種苗その他のほ場作物、果樹、樹園の生産物又は温室その他特殊施設を用いてする園芸作物の栽培を行う事業、②繭又は蚕種の生産を行う事業及び③主として前記①、②の事業を行う者が兼営するわら工品その他これに類する物の生産、家畜、家きん、毛皮獣若しくは蜂の育成、肥育、採卵若しくはみつの採取又は酪農品の生産を行う事業から生ずる所得をいいます（所法２①三十五、所令12）。

第2章　農業所得の必要経費

1　必要経費の範囲

> **問**　農業所得の必要経費の範囲について説明してください。

〔回答〕　必要経費には売上原価や一般管理費など収入を得るために必要な費用のほか、貸倒損失など一定の損失を含みます。

〔解説〕　農業所得は、次の算式のように農作業などによって得た収入金額からその収入を得るために必要な経費を控除して計算します（所法27②）。

収入金額　－　必要経費　＝　農業所得の金額

図にすると、次のようになります。

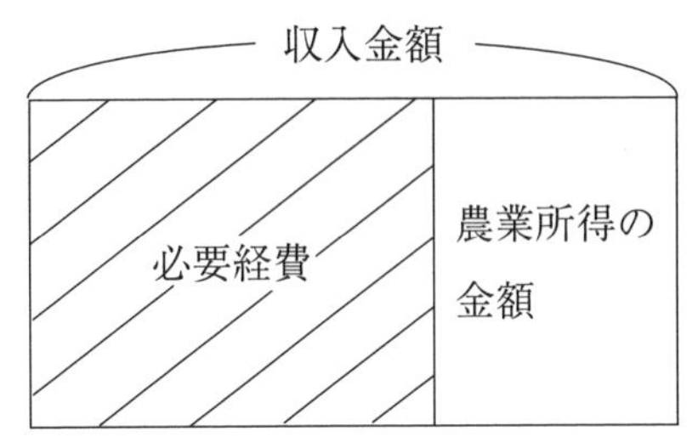

必要経費として収入から控除できるものは、農業に関して生じた費用に限られますので、食費や住居費などの個人の生活費は「家事費」と呼ばれ、必要経費になりません（所法45①）。一般に、ある費用が必要経費に該当するかどうかは、費用支出の原因や結果などの因果関係のほか、その費用が農業の遂行上必要とされるものであるかどうかなどによって個別具体的に判断されます。

2　債務の確定していない費用

問　債務が具体的に確定していない費用は、必要経費とはならないのでしょうか。

〔回答〕　債務の確定していない費用は、原則としてその年分の必要経費には算入できません。

〔解説〕　必要経費に算入できる金額は、特別の規定があるものを除き、売上原価その他収入金額を得るために直接に要した費用の額と、その年の販売費、一般管理費、その他所得を生ずべき業務について生じた費用の額に限られます。そして、減価償却費以外の費用については、その年に債務の確定していないものは含まれません（所法37①）。

ところで、減価償却費以外の費用で債務の確定しているものとは、次の⑴から⑶までの要件のすべてに該当するものをいいます（所基通37―２）。

⑴　**債務の成立**……その年の12月31日までにその費用にかかる債務が成立していること。

⑵　**原因となる事実の発生**……その年の12月31日までにその債務に基づいて具体的な支払いを行う原因となる事実が発生していること。

⑶　**合理的に算定**……その年の12月31日までにその金額を合理的に算定することができること。

3　バラの種苗代の必要経費算入時期

問　私は切花用バラの生産を行っています。そのバラの種苗は1本500円で、500本を計25万円で購入したものです。

　この場合の種苗の購入費は購入した年の農業（事業）所得の金額の計算上、必要経費に算入することができますか。

〔回答〕　収益発生期間に配分して必要経費に算入することになります。

〔解説〕　植物の耐用年数については「減価償却資産の耐用年数等に関する省令」（昭和40年大蔵省令第15号）の「別表第四」に限定された生物についてその種類ごとの耐用年数が掲示されていますが、バラの親株については耐用年数が定められていません。したがって、バラの親株の購入費の処理としては、

①　購入した年の必要経費とする。
②　親株を入れ換えて古い親株を除却した年の必要経費に算入する。
③　収益発生期間に配分して必要経費に算入する。

ことが考えられます。費用と収益を対応させるという観点から、③の収益発生の期間にバラの購入費を配分して必要経費に算入するという方法が妥当ではないかと考えられます。

4　自家労賃

問　自家労賃（自己の労力に対する対価）は必要経費になりますか。

〔**回答**〕　自家労賃は必要経費に算入することはできません。

〔**解説**〕　所得税では、自家労賃は必要経費とはなりません。

これは、仮に、この支出を事業上の必要経費だとしても、反面、この経費を受ける側からみれば所得を得たことになり、経費を支払う人も、その支払を受ける人も同一人である以上、プラスマイナス0となって、必要経費に算入することは無意味であるとされているからです。

5　棚卸の目的

問　棚卸は、何のためにするのでしょうか。

〔回答〕　棚卸は、その年の売上原価を計算するために必要です。

〔解説〕　農業（事業）所得の金額は、その年中の収入金額から必要経費を差し引いて計算することになっています（所法27②）。例えば、農産物である米を販売した場合は、その売上が収入金額になり、その米の原価やその他の経費が必要経費になりますが、販売した米の個々の原価計算を行うことは困難ですので、米の年初、年末の在庫高とその年中の収穫高を調べ、次の算式によって一年間の総売上に対する全体の原価を計算します。つまり、棚卸はこの全体の原価（売上原価）を計算するために必要となります。

年初の在庫高＋その年中の収穫（仕入）高 － 年末の在庫高
＝その年中に販売した原価（売上原価）

6　棚卸資産の範囲

問　棚卸資産とは、どのようなものをいうのでしょうか。

〔**回答**〕　棚卸資産とは、事業（農業）において販売又は消費のために保有している資産をいいます。

〔**解説**〕　棚卸資産としての農業用資産は、具体的には、農業にかかる次に掲げる資産です（所法2①十六、所令3、所基通2—13）。

(1)　米、麦、果実などの農産物

(2)　まだ収穫しない水陸稲、麦、野菜等の立毛及び果実（未収穫作物）

(3)　豚、牛馬、めん羊等の家畜及び家きん類（販売目的で飼育しているものに限ります。）

(4)　購入肥料、購入飼料、農業薬剤、未使用の購入俵、苗代用ビニール、杭等の諸材料などの農業用品

7　棚卸の時期

問　棚卸はいつ行えばよいのでしょうか。

〔**回答**〕　原則として、その年の12月31日に行います。

〔**解説**〕　棚卸の時期は、死亡や出国した場合以外は12月31日に行わなければならないこととされています（所法47①）。

しかし、12月31日が多忙でできない場合などには、12月31日から多少隔たった日に実地棚卸を行い、12月31日現在の棚卸を推定するという方法も認められています。

8　棚卸資産の評価方法

問　棚卸資産の評価方法にはどのようなものがあるのでしょうか。

〔回答〕　棚卸資産の評価方法には、「原価法」と「低価法」とがあります。

〔解説〕　棚卸の評価は、事業（農業）の種類ごとに、かつ、商品又は製品、半製品、仕掛品、主要原材料及び補助原材料その他の棚卸資産の区分ごとに、次の方法のうちいずれか一つの方法をあらかじめ選定して所轄税務署長に届け出て（「所得税の棚卸資産の評価方法の届出書」（資料5））、その選定した方法によって評価することになっています（所法47、所令99、100）。

その届出の期限は、新たに事業（農業）を開始した日の属する年分の所得税に係る確定申告期限までにすることとされています（所令100②）。

なお、所轄税務署長の承認を受ければ、これらの評価方法以外の方法で評価することもできます（所令99の2）。

また、棚卸資産の評価方法を選定して税務署長へ届け出なかった場合は、原価法の一つである「最終仕入原価法」によって、棚卸資産の評価をすることになっています（次問参照）。

1　原　価　法

年末において有する棚卸資産につき、「個別法」、「先入先出法」、「総平均法」、「移動平均法」、「最終仕入原価法」及び「売価還元法」のうち、いずれかの方法によってその取得価額を算出し、その算出した取得価額をもって、その評価額とする方法です（所令99①一）。

2　低　価　法（青色申告者のみ）

年末において有する棚卸資産をその種類等の異なるごとに区分し、その種類等の同じものについて(1)のうちあらかじめ選定している方法によって評価した価額と、年末におけるその取得のために通常要する価額とのいずれか低い価額をもってその評価額とする方法です（所令99①二）。

なお、この「低価法」は、青色申告者（P203の問1等参照）のみ選択することができます。

9　法定評価方法

問　棚卸資産の評価方法を選定しなかった場合は、どのような方法で棚卸資産の評価をすればよいのでしょうか。

〔回答〕「最終仕入原価法」によって評価することになります。

〔解説〕　棚卸資産の評価方法を選定して税務署長へ届け出なかった場合は、原価法の一つである「最終仕入原価法」によって、棚卸資産の評価をすることになっています（所令102①）。

（注）「最終仕入原価法」とは、棚卸資産を種類等の異なるごとに区分し、その種類等の同じ棚卸資産について、年末に最も近い時期に購入したものの単価に年末の在庫量を乗じて評価する方法です。

10　評価方法の変更

問　棚卸資産の評価方法を変更するには、どのような手続が必要でしょうか。

〔回答〕　変更しようとする年の３月15日までに「所得税の棚卸資産の評価方法の変更申請書」を所轄税務署長に提出して承認を得なければなりません。

〔解説〕　新たに農業を開始するなどして、棚卸資産の評価方法を新しく採用するときは、その年分の所得税の確定申告期限までに、「所得税の棚卸資産の評価方法の届出書」（資料５）を所轄税務署長に届け出ることとされています（所令100）。

また、評価方法を変更するには、新しい評価方法を採用しようとする年の３月15日までに、どの方法に変更するかということと、変更したい理由などを書いた「所得税の棚卸資産の評価方法の変更承認申請書」（資料６）を所轄税務署長に提出して承認を受けなければなりません（所令101①②、所規23）。

この申請書が提出されますと、所轄税務署長は、この申請を承認するか却下するかを決定し、書面で申請者に通知することになっています（所令101③④）。

なお、申請をした年の12月31日までに通知がないときは、承認されたものとみなされます（みなし承認）（所令101⑤）。

11　棚卸資産の取得価額

問　私は、農業を営んでおりますが、棚卸を行う場合の棚卸資産の取得価額は、どのように計算しますか。

〔回答〕　棚卸資産の取得価額は、棚卸資産の種類別に次のように取り扱われます。

〔解説〕　棚卸は、収入金額に対応する売上原価を算定するため、毎年、年末において行いますが（P81の問７参照）、この場合の棚卸資産の取得価額は、次の金額にその棚卸資産を消費し又は販売の用に供するために直接要した費用の額を加算した金額とされています（所令103）。

1　農産物（副産物を含む。）のうち収穫済のもの……収穫価額

2　未収穫の幼麦及び野菜、果実等並びに仕立中の果樹、植木、苗木等……栽培のための直接経費（種苗費、肥料費、労務費、農薬費等）の額

3　販売用動物（飼育中の未成熟の牛馬等）……購入の代価に飼育のための直接経費（種付費、素畜費、飼料費、労務費等）の額を加算した額

4　農業用品（未使用の肥料、飼料、農薬、農具、種苗等）……購入の代価に引取運賃、購入手数料等のほか付随費用（買入後の保管費、選別手入費等）を加算した額

なお、白色申告者（青色申告者でない者）における生鮮野菜等など一定のものについては、棚卸を省略することが認められています（平18課個５—３）。

12　相続により取得した棚卸資産の取得価額

問　相続した場合の棚卸資産の取得価額はどのように計算するのでしょうか。

〔**回答**〕　相続により取得した棚卸資産の取得価額は、被相続人の選択していた評価方法で計算します。

〔**解説**〕　贈与（相続人に対する贈与で被相続人である贈与者の死亡により効力を生ずるもの（死因贈与）に限ります。）、相続又は遺贈（包括遺贈及び相続人に対する特定遺贈に限ります。）により取得した棚卸資産については、被相続人や包括遺贈者の死亡の時において、その被相続人などがその棚卸資産につき、選択していた評価の方法（選択していなかった場合については、「最終仕入原価法」（P84の問９参照））により評価した金額とすることになっています（所令103②一）。

13　棚卸資産の評価損

問　市況の変動などにより翌年に持ち越した農産物（棚卸資産）が値下がりしました。

この値下がり損は必要経費となるのでしょうか。

〔回答〕　必要経費にすることはできません。

〔解説〕　棚卸資産は、「原価法」によって評価することになっています（P82の問8参照）が、棚卸資産の価額が単に物価変動、過剰生産、建値の変更などの事情によって低下しただけでは、年末現在の時価をその取得価額としてその棚卸資産の評価はできません（所基通47—24）。したがって、市況の変動などによる農産物（棚卸資産）の値下がり損を見積って必要経費にすることはできません。

しかし、青色申告者の場合は「低価法」によって棚卸資産の評価を行うことができますので、「低価法」によっている人については、年末在庫が実際の取得価額より低い「時価」で評価されますので、市況の変動などによる農産物（棚卸資産）の値下がり損は加味されることになります（所令99①二）。

14　棚卸資産を事業用資産とした場合の取得価額の振替

問　棚卸資産（販売目的で肥育していた豚）を事業用資産（子取り用の繁殖豚）に転用したいと考えていますが、どのように処理すればよいのでしょうか。

なお、この豚は前年に出生したもので、前年末の棚卸価額は25,000円であり、本年中に飼育に要した費用は45,000円と見込まれます。

〔回答〕　①収入金額に加算する方法と②期首棚卸価額と飼料費を修正する方法との二通りの方法があります。

〔解説〕　販売を目的として飼育している子豚は、通常棚卸資産として経理することになっています。しかし、販売を目的として飼育していた子豚を事業（農業）の用に供した場合は、棚卸資産から、事業用資産として振り替えることが必要となります。この場合の経理処理としては、次の１又は２の方法があります。

1　収入金加算法

(1)　事業の用に供した時に、前年末の棚卸価額の25,000円と本年中に飼育に要した費用45,000円の合計額の70,000円を収入金額に計上します。

(2)　その子豚の取得価額を70,000円として事業用資産に計上します（ただし、ご質問の場合は、その取得価額が10万円未満であるので、少額減価償却資産として、その全額を事業（農業）の用に供した日の属する年分の必要経費に算入します。)。

仕訳すると、次のようになります。

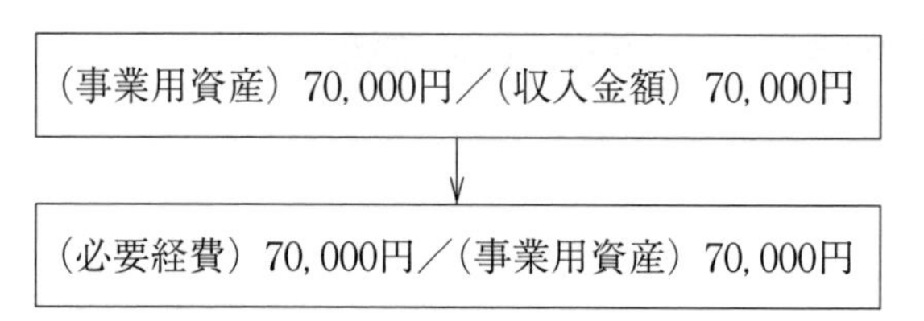

（事業用資産）70,000円／（収入金額）70,000円

↓

（必要経費）70,000円／（事業用資産）70,000円

2　期首棚卸価額と飼料費を修正する方法

⑴　事業の用に供した時に、前年末の棚卸価額から、当該子豚の期首棚卸価額の25,000円を減額します（決算書の期首棚卸価額が、前年末の棚卸価額よりその分だけ少なく計上されます。）。

⑵　同じように飼料費から当該子豚の飼料費45,000円を減額します。

⑶　その子豚の取得価額を70,000円として事業用資産に計上します（ただし、ご質問の場合は、上記**1**の⑵と同様に、その全額を必要経費に計上します。）。

仕訳すると、次のようになります。

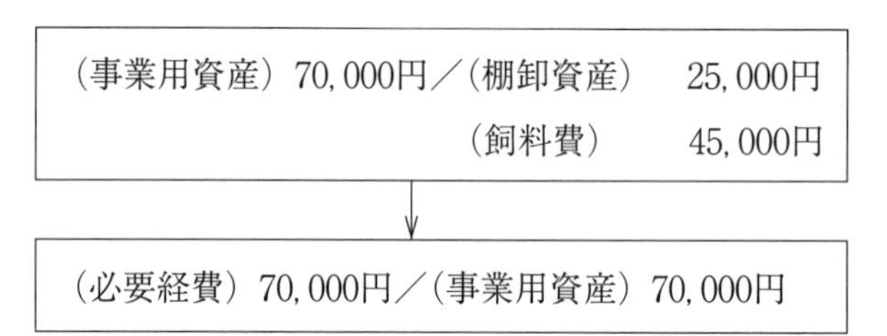

（事業用資産）70,000円／（棚卸資産）　25,000円
　　　　　　　　　　　　（飼料費）　　45,000円

↓

（必要経費）70,000円／（事業用資産）70,000円

15　未成熟果樹から収入金額が生じた場合の果樹の取得価額

問　私は、みかんを栽培する農家ですが、まだ成木になっていない木から収穫があり収入金額が発生しました。このような場合、未成熟の果樹の取得価額は、どのように計算したらよいでしょうか。

〔回答〕　未成熟果樹から収入金額が生じた場合の未成熟果樹の取得価額の取扱いには、①その取得価額から控除する方法と②収入金額に計上し、取得価額に影響させない方法との二通りの方法があります。

〔解説〕　未成熟果樹から生じた収入金額については、

(1)　未成熟果樹の取得価額（投下した費用の累積額）から控除する方法

(2)　未成熟果樹から生じた収入金額を、その生じた年の収入金額に計上し、取得価額に影響させない方法

とがあります。

原則的な方法は、(1)の方法ですが、毎年継続して同一方法をとることを条件に(2)の方法の適用が認められています（平18課個５―３）。

しかし、実際に記帳するとなると(2)の方がより実態に即しているものと思われます。

上記(1)及び(2)を青色申告決算書（農業所得用）の様式に従って例示しますと、次のとおりです。

例1　〔未成熟の果樹から生じた果実の収入金額を取得価額から控除する場合〕

果樹等の名称	取得生産定植等の年月日	㋑30年からの繰越額	育成費用の明細					㋣元年中に成熟したものの取得価額	㋠2年への繰越額（㋑＋㋬−㋣）	㋺、㋩、㋭欄の金額の計算方法
			㋺元年中の種苗費	㋩元年中の肥料農薬等の投下費用	㋥小計（㋺＋㋩）	㋭育成中の果樹等から生じた収入金額	㋬元年に取得価額に加算する額（㋥−㋭）			
温州みかん	28.3.30	82,500	—	27,600	27,600	39,000	△11,400		71,100	㋩ 肥料23,600 農薬16,100
〃	29.3.30	—	9,100	12,100	21,200	—	21,200		21,200	39,700
計	—	82,500	9,100	39,700	48,800	39,000	9,800		92,300	㋭ @60×650kg

例2　〔未成熟の果樹から生じた果実の収入金額をその年の収入金額に計上する場合〕

果樹等の名称	取得生産定植等の年月日	㋑30年からの繰越額	育成費用の明細					㋣元年中に成熟したものの取得価額	㋠2年への繰越額（㋑＋㋬−㋣）	㋺、㋩、㋭欄の金額の計算方法
			㋺元年中の種苗費	㋩元年中の肥料農薬等の投下費用	㋥小計（㋺＋㋩）	㋭育成中の果樹等から生じた収入金額	㋬元年に取得価額に加算する額（㋥−㋭）			
温州みかん	28.3.30	82,500	—	27,600	27,600	—	27,600	—	110,100	（省　略）
〃	29.3.30	—	9,100	12,100	21,200	—	21,200	—	21,200	
計	—	82,500	9,100	39,700	48,800	—	48,800	—	131,300	

16　採卵用鶏の取得費

問　私は採卵業者です。採卵鶏は「成鶏」を買い入れることもありますが、ほとんど「中びな」を育てて成鶏にしています。この場合、「成鶏」や「中びな」の購入費と「中びな」の育成費用は、どのように取り扱われるのでしょうか。

〔回答〕「採卵用鶏の購入費」や「中びなの育成費用」は、購入又は育成した年分の必要経費とすることができます。

〔解説〕　採卵用鶏は、①成鶏になってから廃鶏になるまでの業務の用に供する期間が13カ月程度と短いこと、②ひなの購入→育成→採卵→廃鶏→譲渡までを継続して行っているのが通例であること等から、採卵業者が種卵、ひな、成鶏等を購入するために要した費用及びひなを成鶏とするために要した育成費用（採卵用鶏の取得費）については、継続適用を条件としてその購入又は育成をした年分の必要経費に算入することができることとされています（昭57直所５―７）。

17　必要経費にならない租税公課

問　事業（農業）所得の計算上、必要経費とならない税金には、どのようなものがあるのでしょうか。

〔回答〕　所得税、復興特別所得税、市町村民税やこれらの延滞税、加算税などは必要経費となりません。

〔解説〕　事業（農業）所得の計算上必要経費に算入されない租税公課には次のようなものがあります（所法45①二、三、四、五、所令97）。

⑴　所得税及び復興特別所得税並びにこれらの税にかかる延滞税、利子税（ただし、確定申告税額の延納にかかる所得税及び復興特別所得税の利子税のうち事業（農業）所得に対する所得金額に対応する部分の金額を除きます。）

⑵　道府県民税及び市町村民税（都民税及び特別区民税を含みます。）並びにこれらの延滞金

⑶　国税の過少申告加算税、無申告加算税、不納付加算税及び重加算税

⑷　地方税の過少申告加算金、不申告加算金、重加算金

18　消費税の必要経費の算入時期

問　私は消費税について税込経理方式を採用しています。消費税の必要経費の計上時期について教えてください。

〔回答〕　原則として、消費税の申告書を提出した日の属する年分の必要経費に算入することになります（消費税の還付税額の収入金額の計上時期については、P56の問27参照）。

〔解説〕　納付すべき消費税の必要経費の算入時期については、原則として、次に掲げる日の属する年分の事業（農業）所得の計算上、必要経費に算入されます。

①　消費税の申告書に記載された還付税額……消費税の申告書が提出された日

②　減額更正にかかる税額……更正があった日

ただし、申告期限未到来の消費税の申告書に記載すべき消費税の額を未払金に計上したときは、その未払金に計上した年分の事業（農業）所得の計算上、必要経費に算入することも認められています（平元直所3―8「7」）。

19　農業協同組合の賦課金

問　私はＡ農業協同組合の組合員です。Ａ農業協同組合から賦課される会費は、必要経費に算入できるのでしょうか。

〔回答〕　農業の遂行上必要な範囲の費用は、必要経費となります。

〔解説〕　農業を営む人が加入している各種の団体に対して支払う会費については、その団体の活動が加入者の営む農業と相当程度の関係があると認められる場合は、その会費は農業に関して生じた費用として事業（農業）所得の計算上必要経費に算入することができます。

したがって、ご質問の場合は、繰延資産（Ｐ153の問58参照）に該当する部分の金額を除き、その支出の日の属する年分の事業（農業）所得の必要経費になります（所基通37―９）。

20　旅費、宿泊費

問　私は、果樹園を経営しております。長男（事業専従者）と２人で、品種改良研修会に１泊２日で参加しました。その場合の旅費、宿泊費は必要経費に算入することができるのでしょうか。

〔回答〕　事業（農業）の遂行上必要な範囲の費用は、必要経費となります。

〔解説〕　事業（農業）を営む人やその事業専従者又はその使用人が、事業（農業）を行っていく上で必要な技能又は知識の習得又は研修等を受けるために要する費用は、通常必要とされる範囲のものに限って必要経費となります（所基通37―24）。

また、事業専従者や使用人が研修等を受けるための費用は、その費用が適正なものであれば、事業専従者や使用人の源泉徴収税額を計算する際に、給与等として課税しなくともよいことになっています（所基通36―29の２）。

なお、研修等で遠方に出掛けた場合に支出する費用であっても、併せて観光したり、知人を訪問したような場合は、これらの個人的な理由で支出した費用は必要経費になりませんので、支出した費用を「事業（農業）の遂行上必要な部分」と「家事費の部分」とに区分する必要があります。

21　海外渡航費

問　私は、農業を営んでいますが、本年８月、フランスへ農業の実地研修のため渡航することになりました。通訳としてフランス語を専攻している長女（大学生）を連れて行った場合、長女の費用は必要経費にしてもよいのでしょうか。

また、渡航したついでに、イタリアへ観光旅行した場合の私や長女の渡航費用はどうなるのでしょうか。

〔回答〕　海外渡航費は、その渡航が事業（農業）の遂行上直接必要である場合に限り、その必要な部分の金額が必要経費となります。

〔解説〕　事業（農業）の遂行のため海外渡航した場合の旅費は、国内の出張旅費と同じように必要経費に算入できます。しかし、ご質問のように海外渡航に親族を同伴した場合には、その同伴者の費用については原則として必要経費に算入することはできませんが、明らかにその目的を遂行するために外国語に堪能な人又は高度の専門知識を有する人を必要とするような場合に使用人のうちに適任者がいないため、自己の親族を同伴する場合には必要経費に算入することができます（所基通37—20）。

次に、研修の旅行と観光の旅行を併せ行った場合には、研修のための旅行費用だけが必要経費に算入されることになります。

したがって、イタリアへの旅費（往復）については、必要経費には算入できません。また、フランス滞在中にも観光を行ったような場合には、フランス滞在中の費用について研修に要した日数と観光に要した日数等の期間の比によりあん分計算を行い、研修に要した部分の費用だけを必要経費に算入することになります（所基通37—21）。

22　交際費

問　私の所属している野菜の出荷組合では総会を慰安会と兼ねて年1回旅行先の旅館で開いています。このための経費は必要経費となるのでしょうか。

〔回答〕　事業（農業）の遂行上必要な支出であれば、必要経費となります。

〔解説〕　いわゆる交際費や接待費でも、その支出が専ら事業（農業）の遂行上必要なものであれば、事業（農業）所得の計算上必要経費に算入されます（所法37①）。

　したがって、ご質問の出荷組合の総会の費用も、その総会の性格、目的等からみて、その総会への出席が専ら事業（農業）の遂行上必要なものであり、しかもその金額が、その出席のために通常必要と認められる程度のものであれば、必要経費として認められるものと考えられます。

23　接待費

問　私はフルーツトマトを栽培し、市場を通さないで消費者（得意先）の方に直接販売をしています。

この得意先を食事に招待した場合の費用は必要経費となるのでしょうか。

〔回答〕　事業（農業）の遂行上必要な支出であれば、必要経費となります。

〔解説〕　いわゆる交際費や接待費でも、その支出が専ら事業（農業）の遂行上必要なものであれば、事業（農業）所得の計算上必要経費に算入されます（所法37①）。

したがって、ご質問の食事の費用も、その接待がその相手方、接待の理由などからみて専ら事業（農業）の遂行上必要なものであれば、必要経費となります。

24　冠婚葬祭費用

問　私は農業を営んでおります。唯一の趣味はつりですが、つり仲間に対する結婚祝や香典、新築祝の費用は必要経費になるのでしょうか。

〔回答〕　事業（農業）の遂行上必要がない冠婚葬祭費は必要経費となりません。

〔解説〕　支出した冠婚葬祭費用が事業（農業）所得の必要経費に該当するかどうかは、その支出の相手方、目的等からみて、事業（農業）の遂行上専ら必要なものかどうかによります。

ご質問のような冠婚葬祭費用については、事業（農業）を営んでいない場合でも支出するものであることから、事業（農業）の遂行上専ら必要なものというよりは家事費として支出するものであり、事業（農業）所得の必要経費にはならないものと考えられます。

しかし、例えば、使用人、得意先の従業員などに対する冠婚葬祭費用など事業（農業）を営む上で必要な支出は必要経費になります。

25　母校への寄附金

> **問**　私は農業を営んでおります。母校の野球部の後輩に頼まれて、母校（野球部）に寄附しました。この寄附金は必要経費になるのでしょうか。

〔回答〕　事業（農業）の遂行上必要がない寄附金は必要経費となりません。

〔解説〕　寄附金を支払った場合の所得税の取扱いは、①事業（農業）所得の計算上必要経費として差し引くか、②寄附金控除として課税所得の計算に際して所得控除を行うか、又は③このいずれにも属さない家事上の費用（家事費）となるかのいずれかに分かれます。

「寄附」とは、一般に、贈与契約によって金銭を支出し、又は金銭以外の財産権を移転することをいい、寄附者の自由意志によって行われるものであり、また寄附者は相手方から何らの反対給付を受けないものであるところからみると、本来、寄附金に費用性はなく、必要経費とはならないものと考えられます。

しかし、名目は寄附であっても、実際は広告宣伝のためなど事業（農業）の遂行上直接の必要に基づくもの、又は事業（農業）を営んでいるため特に負担しなければならないものなど、事業（農業）について生じた費用として必要経費になるものもあると考えられます。

ご質問の場合の野球部への寄附は、先輩としていわば個人の立場で行うものですから、必要経費とはなりません。

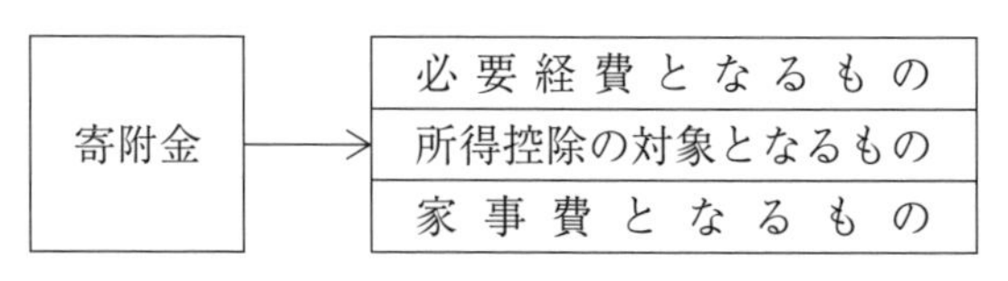

26　必要経費となる損害保険料

問　私は、農業を営んでいますが、建物について支払った火災共済の掛金は必要経費となるのでしょうか。

なお、この建物は私や家族の住まいと農業の両方に使用していますが、共済掛金は区別せずに支払っています。

〔回答〕　事業（農業）の用に供されている事業用部分の保険料が必要経費となります。

〔解説〕　火災共済などの損害保険は、当事者の一方（農業協同組合）が火災によって生ずる損害を補填することを約束し、相手方（保険契約者）がこれに報酬（掛金）を支払うことを約束することによって成立します。この損害保険料（掛金）は、それ自体は、直接収入を得ることを目的としたものではありませんが、火災によって損害が生じた場合にその損害を補填した上で事業を継続するという目的があることから、事業遂行上一般に支払われる費用として必要経費になります。

一つの建物が事業（農業）用と生活用の双方に使用されている場合、その建物について支払う火災共済の掛金は、事業（農業）用の部分に対応する金額を事業（農業）所得の計算上必要経費に算入することになります（所法37①）。

27　長期の損害保険料

問　農業用倉庫について10年満期の火災保険（満期返戻金あり）を掛け、保険料を支払っています。この場合の必要経費の計算はどのようになるのでしょうか。

〔回答〕　払込保険料のうち、満期返戻金の支払に充てられる積立保険料の部分を除いたものが必要経費となります。

〔解説〕　通常の掛け捨ての火災保険料は、支払った時に、事業（農業）用部分について必要経費に算入することになりますが、保険期間が長期間の火災保険については、払込保険料の一部又は全部が満期返戻金として契約者に支払われるものがあるため、その支払った保険料の全額を支払った時の必要経費に算入することはできません。

すなわち、次に示すとおり、払込保険料の内容は、満期返戻金の支払に充てられる「積立保険料の部分」と、掛け捨ての火災保険料の構成要素等である「危険保険料等の部分」に分けられ、前者に対応する部分の金額は、満期返戻金の所得の計算上控除すべき経費として保険期間の終了時まで資産計上しておき、後者に対応する部分の金額は、支払ったときの必要経費に算入するという考え方に基づくものです。そして、資産に計上した部分は、満期返戻金を受け取る際の一時所得の計算上「収入を得るために支出した金額」として控除することになります（所法34②、所令184②）。

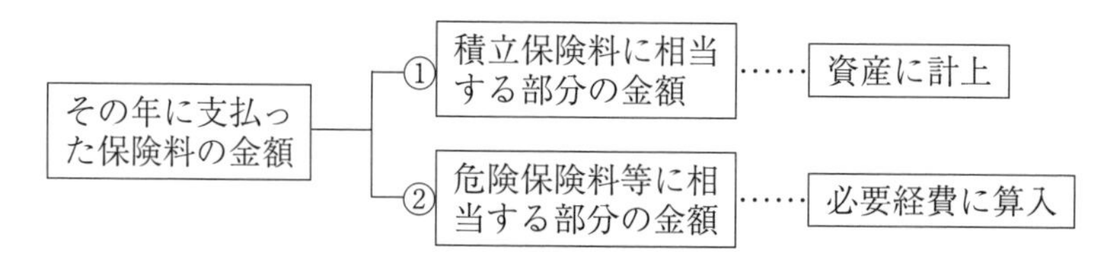

なお、払込保険料は、保険料払込案内書や保険証券添付書類等に記載されているところにより区分します（所基通36・37共—18の２）。

28　農業収入保険の保険料等の取扱い

問　私は農業を営む青色申告者であり、令和２年１月１日から12月31日を保険期間として農業収入保険に加入しました。この収入保険の保険料、付加保険料（事務量）、積立金を保険期間開始前に農業共済組合に対し支払いましたが、これらの収入保険の保険料等の税務上の取扱いはどうなりますか。

〔回答〕　保険料、付加保険料について、原則として保険期間に対応する部分の保険料が支払った年分の必要経費に算入となります。積立金については、必要経費には算入できません。

〔解説〕

1　保険料、付加保険料

農業収入保険の保険料及び付加保険料（事務費）は、保険期間に対応した必要経費に算入することが原則ですが、「前払費用の額で、その支払った日から１年以内に提供を受ける役務に係るものを支払った場合において、その支払った額に相当する金額を継続してその支払った日の属する年分の必要経費に算入しているときは、支払った年の必要経費に算入することができる」（所基通37—30—２）こととされていることから、保険期間開始前に保険料及び付加保険料（事務費）を支払った場合は、継続適用を要件に、支払った日の属する年分の必要経費として取り扱うことができます。

2　積立金

積立金については、保険金としての支払ができない部分を補完するために特約として積み立てをする場合に支払うものであり（積立方式）、その性質は実施主体（農業共済組合）に対する預け金となります。したがって、積立金を支払ったときには預け金として必要経費には算入できません（資産負債項目として処理します）。

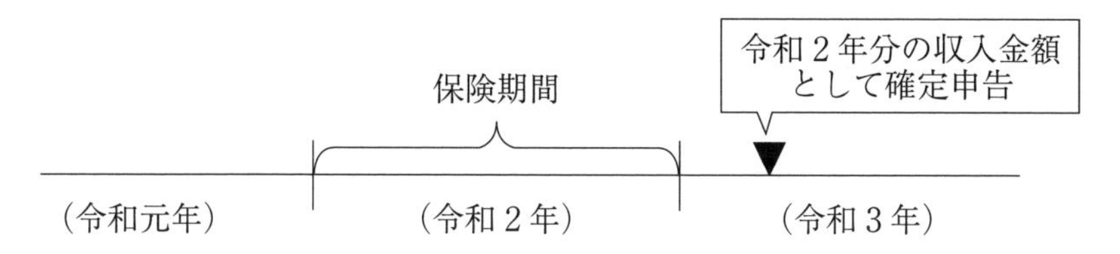

29　農機具更新共済契約の掛金

問　私は、農機具更新共済に加入していますが、この共済掛金は必要経費となるのでしょうか。

〔回答〕　積立保険料に相当する部分の金額を除き必要経費となります。

〔解説〕　農機具を対象とする農機具更新共済は、損害保険契約の一種です。長期の損害保険契約等の保険料又は掛金の額のうちの積立保険料に相当する部分の金額（資産に計上するもの）とその他の部分の金額（その年の必要経費に算入するもの）との区分（前々問27参照）は、保険料払込案内書等により区分されているところによるものとされています（所基通36・37共―18の２）。

30　果樹共済の掛金

問　私は、果樹園を経営していますが、このたび果樹共済へ加入しました。この共済掛金は本年8月に支払いましたが、この共済掛金は本年分の必要経費に算入してよいのでしょうか。

〔回答〕「収穫共済」の掛金は、収穫する日の属する年分の必要経費となり、「樹体共済」の掛金は支払うべき日の属する年分の必要経費となります。

〔解説〕「果樹共済」は、災害等に基因する果実の減収を対象とする「収穫共済」と樹体の減損を対象とする「樹体共済」の二本立てとなっています。

この場合の共済掛金の取扱いは次によることとされています（昭48直所4―10）。

1　収穫共済の共済掛金

収穫共済の共済掛金にかかる果実を収穫する日の属する年分の必要経費とします。ただし、青色申告者で継続記録を行っている人などについては、その共済掛金を支払った日の属する年分の必要経費とすることができます。

2　樹体共済の共済掛金

その支払うべき日の属する年分の必要経費とします。

31　資本的支出と修繕費

問　「資本的支出」と「修繕費の区別」について説明してください。

〔回答〕　支出した費用のうち、「修繕費」に該当する部分の金額を除き、「資本的支出」として減価償却します。

〔解説〕　建物などの固定資産について支出する費用は、態様別に分類してみますと、⑴維持費、⑵補修費、⑶改造費、⑷増設費になるものと考えられます。このうち、⑴の維持費は、固定資産の本来の用途及び用法を前提として、通常予定される効果をあげるために行われるもので「修繕費」に該当しますが、⑵以下の補修費、改造費及び増設費の中には「修繕費」に該当する支出のほか、資産の使用可能期間を延長させたり、その価値を増加させる支出（「資本的支出」）が含まれている場合があります。

「修繕費」については、支出した費用の全額が支出した年分の必要経費になりますが、「資本的支出」については、減価償却をすることになっています。

この場合、次のイにもロにも該当するときは、そのいずれか多い方の金額が資本的支出となります（所令181）。

イ　固定資産の取得時において通常の管理又は修理をするものとした場合に予測される使用可能期間を延長させる部分に対応する金額

ロ　固定資産の取得時において通常の管理又は修理をするものとした場合に予測されるその支出の時における価額を増加させる部分に対応する金額

32　少額な改造費用

問　15万円かけて農作業場を改造しました。この費用は必要経費になるのでしょうか。

〔**回答**〕　20万円未満の改造費用は必要経費とすることができます。

〔**解説**〕　固定資産について支出する費用が、「資本的支出」又は「修繕費」のいずれに該当するかは、その支出の効果の実質によって判定すべきですが、建物を増築したり、部品を良質なものに取り替えた場合などは明らかに「資本的支出」に該当するものです。

しかし、一の計画に基づき同一の固定資産について行う修理、改良等が次のいずれかに該当する場合において、その修理、改良等のために要した金額を「修繕費」の額としてその業務（事業）にかかる所得の金額を計算し、それに基づいて確定申告を行っているときは、その修理、改良等が「資本的支出」に該当するか否かを問わず、その処理が認められています（所基通37—12）。

⑴　その修理、改良等に要した金額（その修理、改良等が2以上の年にわたって行われるときは、各年ごとに要した金額）が20万円に満たない場合

⑵　その修理、改良等がおおむね3年以内の期間を周期として行われることが既往の実績その他の事情からみて明らかである場合

したがって、ご質問の農作業場に支出した15万円は、その支出した年分の必要経費に算入することができます。

33　資本的支出か修繕費か区分が困難な場合

問　「資本的支出」か「修繕費」か区分が困難な場合、何か簡便な方法はないのでしょうか。

〔回答〕　支出した費用が60万円に満たない場合や固定資産の前年12月31日における取得価額のおおむね10％相当額以下である場合は、その全額を「修繕費」とすることができます。

〔解説〕　事業（農業）の用に供されている建物、機械装置等について修理、改良等のため支出した費用で、その費用の額を「資本的支出」と「修繕費」の部分の額とに区分することが困難なものについては、①その費用の額が60万円に満たない場合、又は②その費用が修理、改良等にかかる固定資産の前年12月31日における取得価額のおおむね10％相当額以下である場合は、その費用の額の全てを「修繕費」とすることができます（所基通37—13）。

34　福利厚生費の範囲

問「福利厚生費」とはどのようなものをいうのでしょうか。

〔回答〕「福利厚生費」とは、従業員の慰安、保健、保養などのために支払う費用をいいます。

〔解説〕　一般に、「福利厚生費」とは、使用人に対する社会保険、保健衛生、慰安保養等のために必要とするいろいろの費用をいいますが、そのうち福利厚生費として必要経費となるものは、使用人の福利厚生のために社会通念上一般に行われていると認められているものにかかるもので、必要かつ妥当な支出でなければなりません。

事業（農業）において必要経費となる「福利厚生費」としては、次のようなものがあります。

1　法定福利厚生費

法律の規定によって事業主が負担することになっている健康保険料、厚生年金保険料、雇用保険料等の費用

2　1以外の福利厚生費

次に掲げるもののうち、上記の条件の範囲内のもの

イ　従業員の慰安のための費用

ロ　従業員の慶弔等の費用

ハ　その他

35　減価償却とは

問　減価償却についてわかりやすく説明してください。

〔回答〕　一定の資産について、その資産の使用可能期間に応じて、その資産の取得価額を期間配分し各年分の必要経費にする方法をいいます。

〔解説〕　所得税法では、業務（事業）の用に供している土地や建物、機械などの固定資産のうち、時の経過や使用によりその資産の価値が減少するもの（「減価償却資産」といいます。）で、使用可能期間が1年以上で、かつ、取得価額が10万円以上の減価償却資産については、その資産の取得価額を一定の方法でその資産の使用期間の費用として配分することとされています（所令138）。

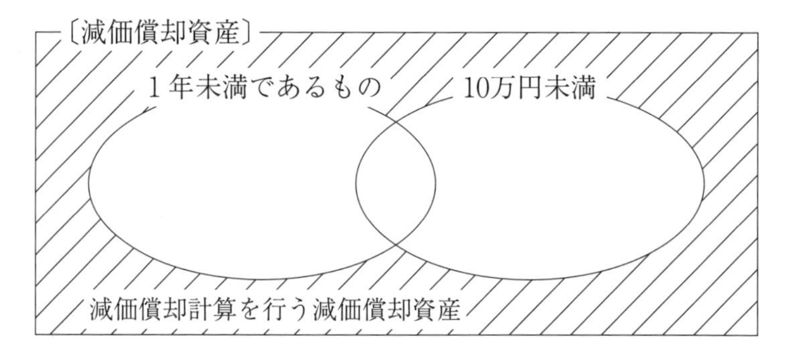

例えば、本年に100万円で買い入れた自脱型コンバインについて、本年の必要経費に100万円と計上するのではなく、そのコンバインの使用可能期間（「耐用年数」といいます。）を仮に5年間とすれば、5年間にわたって、そのコンバインの取得価額を必要経費にすることになります。

取得価額

一年目の減価償却費	二年目の減価償却費	三年目の減価償却費	四年目の減価償却費	五年目の減価償却費

すなわち、一般的には資産の取得に要した費用をその使用する期間の収入に対応するように期間配分することが減価償却ということです。

36　減価償却資産の意義

問　「減価償却資産」とは、どういうものをいうのでしょうか。

〔回答〕「減価償却資産」とは、固定資産のうち時の経過や使用によりその資産の価値が減少するものをいいます。

〔解説〕「減価償却資産」とは、不動産所得や事業（農業）所得、山林所得、雑所得を生ずべき業務の用に供されている資産でおおむね次に掲げるものをいいます（所法2①十九、所令6）。

この減価償却資産の取得価額は、一定の方法によって各年分の費用として配分され、その配分された償却費は各年分の必要経費に算入されます（前問参照）。

⑴　建物及びその附属設備
⑵　構築物（橋、軌道、貯水池など土地に定着する土木設備又は工作物をいいます。）
⑶　機械及び装置
⑷　車両及び運搬具
⑸　工具、器具及び備品
⑹　次の無形固定資産
　イ　水利権
　ロ　水道施設利用権など
⑺　次の生物
　イ　牛、馬、豚、綿羊及びやぎ
　ロ　かんきつ樹、りんご樹、ぶどう樹、なし樹、桃樹、桜桃樹、び

わ樹、くり樹、梅樹、かき樹、あんず樹、すもも樹、いちじく樹、キウイフルーツ樹、ブルーベリー樹及びパイナップル

ハ　茶樹、オリーブ樹、つばき樹、桑樹、こりやなぎ、みつまた、こうぞ、もう宗竹、アスパラガス、ラミー、まおらん及びホップ

37　減価償却の認められない資産

問　減価償却の認められない資産にはどのようなものがあるのでしょうか。

〔回答〕　①価値の減少しない資産、②現に業務の用に供されていない資産及び③棚卸資産は、減価償却が認められません。

〔解説〕　減価償却の認められない資産は、①時の経過により価値の減少しない資産、②現に業務の用に供されていない資産及び③棚卸資産などですが、おおむね次のようなものです。

(1)　土地
(2)　土地の上に存する権利
(3)　書画、骨とうなど
(4)　電話加入権
(5)　販売の目的で保有又は飼育する牛馬、果樹等の棚卸資産
(6)　建設中の固定資産又は育成中の牛馬、果樹等
(7)　現に使用していない工具、器具、備品等

38　共同井戸の掘さく費用

問　かんがい用水を確保するため、関係農家10戸が費用を分担して井戸を掘さくしました。１戸当たりの負担は25万円で、これを５年間の賦払いとすることになりましたが、この費用についてはどのように取り扱えばよいのでしょうか。

〔回答〕　減価償却を行うことにより必要経費にすることができます。

〔解説〕

1　農用井戸は、減価償却資産（農林業用の構築物）として取り扱われますので、井戸の構造に応じて次の耐用年数を適用して計算した減価償却費を各年分の必要経費に計上することになります（所法37、49、耐令１、別表１）。

①　主としてコンクリート造、れんが造、石造、ブロック造のものは耐用年数17年

②　主として金属造のものは耐用年数14年

③　土管を主としたものは耐用年数10年

2⑴　井戸が関係農家10戸の共有物でない場合には、各農家の負担額25万円は、共同的施設に係る繰延資産に該当し、その井戸の構造に応じて上記１に掲げられている耐用年数の70％に相当する年数を基として償却することになります（所基通50―３）。

しかし、計算された償却期間が10年を超える場合は当分の間、その償却期間を10年とする取扱いがされています（所基通50―４）。

⑵　繰延資産となるべき費用の額を分割して支払うこととしている場合には、たとえその総額が確定しているときであっても、その総額を未

払金に計上して償却することはできません（分割期間がおおむね3年以内の場合は除かれます。）（所基通50―5）。

(3)　したがって、ご質問の場合を例にすると次のような計算になります。

（償却期間…10年とした場合）

1年目の償却費…5万円×$\frac{12}{120}$＝5千円

2年目の償却費…10万円×$\frac{12}{120}$＝1万円

3年目の償却費…15万円×$\frac{12}{120}$＝1万5千円

4年目の償却費…20万円×$\frac{12}{120}$＝2万円

⋮

5年目から12年目の償却費…25万円×$\frac{12}{120}$＝2万5千円

（12年目で償却費の累計額が25万円となります。）

39　少額減価償却資産

問　ビニールハウスのビニールシートのように使用可能年数が短いものや育苗材、はかり、自転車のように取得価額が少額なものについても減価償却を行わなければならないのでしょうか。

〔回答〕　使用可能期間が１年未満の資産や10万円未満の資産であればその年分の必要経費となります。

〔解説〕　減価償却資産は、その資産の使用可能期間が１年未満であるもの又は取得価額が10万円未満であるものについては、その者のその業務（農業）の用に供した年分の必要経費に算入することとなっています（所令138）。

したがって、ご質問の資産については、いずれも減価償却を行う必要はなく、取得価額の全額をその取得した資産を使用することとなった年分の事業（農業）所得の計算上必要経費に算入することになります。

なお、取得価額が10万円未満であるかどうかの判定上、消費税が含まれるかどうかについては、事業者が消費税について税抜経理方式を採用している場合には消費税は含まれませんし、また、税込経理方式を採用している場合には消費税は含まれることになります（平元直所３—８「９」）。

40　遊休設備の減価償却

問　耕運機をもう１台購入し、現在では専ら新しい方の耕運機を使用しています。古い方の耕運機は現在のところ使用していませんが、いずれ使用する機会があるものと考えて、手入れだけは怠っておりません。この古い耕運機の減価償却費は、必要経費に算入できるのでしょうか。

〔回答〕　農業の用に供するために維持補修が行われている場合は減価償却費として必要経費に算入できます。

〔解説〕　減価償却資産とは、事業（農業）所得を生ずべき業務（農業）の用に供されているものをいいますから、現在、業務（農業）の用に供されていないものは減価償却をすることはできません。

しかし、現在使用されていないもの（遊休設備）については、現に使用されていない場合であっても、業務（農業）の用に供するために維持補修が行われており、いつでも使用できる状態にある場合には、減価償却を行うことができるように取り扱われています（所基通２―16）。

したがって、ご質問の古い方の耕運機についても、減価償却をすることができ、事業（農業）所得の計算上必要経費に算入されます。

41　建築中の建物の減価償却

問　本年９月に倉庫の建築に着手しましたが、年末現在ではまだ完成していません。しかし、できあがった部分はすでに倉庫として使用しています。この場合、倉庫として使用している部分については減価償却をすることができるのでしょうか。

〔回答〕　未完成の場合でも使用している部分については減価償却できます。

〔解説〕　業務（農業）の用に供される建物は、建物の全体が一体としてその用に役立つのが通常ですから、建築の中途で部分的に業務（農業）の用に供したとしても、原則として、減価償却はできないことになっています。

ただし、建築の中途においても、そのできあがった部分が独立した建物と同様な状態にあるようなものもあり、このようなものまでも減価償却ができないとすることは実情に即さないことから、独立してその効用を十分に果たすことができる程度に完成していると認められる部分をその用に供した場合には、その効用を果たす部分を限度として減価償却を行うことが認められています（所基通２―17）。

したがって、ご質問の場合も、建築中の建物について、倉庫としての機能を充分果たす状態にあって、倉庫として実際に使用しているのであれば、減価償却をすることとなります。

42　減価償却資産の取得価額

> **問**　減価償却資産の取得価額はどのように計算するのでしょうか。

〔回答〕　原則として、購入代価と業務（農業）の用に供するために直接要した費用の合計額によります。

〔解説〕　減価償却資産の取得価額は、原則として次の金額とすることになっています（所令126①）。

1　購入した減価償却資産（イとロの合計額）

イ　その資産の購入代価（引取運賃、荷役費、運送保険料、購入手数料等を加算した金額）

ロ　その資産を業務の用に供するために直接要した費用の額

2　自己が建設、製作又は製造した減価償却資産（イとロの合計額）

イ　その資産の建設等のために要した原材料費、労務費及び経費の額

ロ　その資産を業務の用に供するために直接要した費用の額

3　自己が成育させた牛、馬、豚、綿羊、やぎ（イとロの合計額）

イ　育成させるために取得した牛馬等にかかる1のイ若しくは5のイに掲げる金額又は種付費及び出産費の額並びにその取得した牛馬等の成育のために要した飼料費、労務費及び経費の額

ロ　成育させた牛馬等を業務の用に供するために直接要した費用の額

4　自己が成熟させた3の生物以外の生物（以下「果樹等」といいます。）（イとロの合計額）

イ　成熟させるために取得した果樹等にかかる1のイ若しくは5のイに掲げる金額又は種苗費の額並びにその取得した果樹等の成熟のために要した肥料費、労務費及び経費の額

ロ　成熟させた果樹等を業務の用に供するために直接要した費用の額

5　1から4以外の方法で取得した減価償却資産（イとロの合計額）

イ　その取得の時におけるその資産の取得のために通常要する価額

ロ　その資産を業務の用に供するために直接要した費用の額

ただし、個人からの贈与、相続（限定承認を除きます。）又は遺贈（包括遺贈のうち限定承認を除きます。）により取得した減価償却資産の取得価額は、原則として、その資産を取得した者が引き続き所有していたとみなした場合のその資産の取得価額とされます（所令126②）。

43　相続により取得した減価償却資産の取得価額

問　令和2年6月に父が死亡し、長男である私が農業を継ぐことになりました。相続により取得した農業用の減価償却資産の取得価額は、相続税評価額により評価してよいのでしょうか。

〔回答〕　被相続人（父）の取得価額、耐用年数を引き継ぐことになります。

〔解説〕　相続によって取得した資産については、被相続人の取得価額がそのまま相続人に引き継がれることになっています（所法60①、所令126②）。

したがって、相続により取得した減価償却資産については、被相続人がその資産を取得したときの取得価額をもって取得価額とし、法定耐用年数（被相続人が中古資産を取得した場合は中古資産の耐用年数）を耐用年数として減価償却費の計算をすることになっています。

ただし、相続人が相続において限定承認したため、被相続人に「みなし譲渡」の規定が適用された場合の減価償却資産の取得価額は、相続により取得した時の時価になります（所令126①五）。

ご質問の場合は、相続について限定承認の事実はないようですから、お父さんから相続した農業用の減価償却資産の減価償却の計算の方法は、相続税評価額によるのではなく、お父さんの農業用の減価償却資産の取得価額、耐用年数、経過年数及び未償却残高を引き継いで計算することになります。

なお、減価償却費を計算するための償却方法は引き継がれませんので、新たに届出書を税務署長へ提出（新たに農業を開始した場合は、開業の日の属する年分の確定申告期限までに）しなければなりませんが、届出をしなかった場合は、通常の資産については定額法（平成19年3月31日以前に取得した場合は旧定額法）で償却することになります（所法49、所令123②一、125）。

44　資産を取得するための借入金利子等

問　農業用の貨物自動車をローンで購入しましたので、月額の賦払額に金利相当額を上積みした額を毎月支払うことになりました。また、自動車取得税を納付しましたが、これらの金利相当額や自動車取得税は、貨物自動車の取得価額に算入しなければなりませんか。

〔回答〕　金利相当額及び自動車取得税は、取得価額に算入する必要はありません。

〔解説〕　業務（農業）の用に供される資産を賦払の契約により購入した場合、その契約において、購入代価と賦払期間中の利息及び賦払金の回収のための費用等に相当する金額が明らかに区分されている場合には、その利息及び費用等の金額は、当該資産の取得価額に算入しないで、当該賦払期間中の各年分の必要経費に算入することになります（所基通37—28)。

また、業務（農業）の用に供される資産にかかる自動車取得税は、その業務（農業）にかかる各種所得の計算上必要経費に算入することになります（所基通37—５)。

したがって、ご質問の場合、自動車取得税は、納付した年分の必要経費に算入され、ローンの金利相当額も契約において購入代価と利息相当分が明らかに区分されているときは、支払った年分の必要経費に算入されますので、その貨物自動車の取得価額に算入する必要はありません。

45　減価償却の計算方法（平成19年4月以後に取得した減価償却資産）

問　平成19年4月以後に取得した資産の減価償却の計算にはどんな方法がありますか。代表的な例を挙げて説明してください。

〔回答〕　取得価額を基にして、「定額法」、「定率法」などの方法でその資産の耐用年数に応じた償却率を用いて計算します。

〔解説〕　主な減価償却費の計算方法は「定額法」と「定率法」で、これらの方法による減価償却費の計算は未償却残額が1円になるまでそれぞれ次の算式で計算します（所法49、所令120の2）。

〔定額法〕

取得価額　×　定額法の償却率　＝　その年の減価償却費の金額

〔定率法〕

【計算式①】

「調整前償却額≧償却保証額」の場合

取得価額（第2年目以降はその年の前年12月31日現在の未償却残額）　×　定率法の償却率　＝　その年の減価償却費の金額……(1)

【計算式②】

「調整前償却額＜償却保証額」の場合

改定取得価額　×　改定償却率　＝　その年の減価償却費の金額

※　調整前償却額……(1)により計算した金額

償却保証額　……「取得価額×保証率」により計算した金額

改定取得価額……調整前償却額が償却保証額に満たないこと

となる最初の年分の期首未償却残額

これを計算例で示すと次のようになります。

〔設　例〕

取得年月　29年1月、軽トラック購入価額……600,000円
耐用年数……4年

償却率
- 定額法の償却率……0.250
- 定率法の償却率……0.625、改定償却率……1.000
- 保証率……0.05274

○定額法による減価償却費

毎　年　600,000円×0.250＝150,000円

ただし、耐用年数経過時点においては、備忘価額1円を残しますので、令和2年分の減価償却費は149,999円になります。

年　分	29年分	30年分	元年分	2年分
取得価額	600,000			
減価償却費	150,000	150,000	150,000	149,999
(期末)未償却残額	450,000	300,000	150,000	1

○定率法による減価償却費

29年分　調整前償却額の計算　600,000円×0.625＝375,000円……①

償却保証額の計算　600,000円×0.05274＝31,644円……②

①＞②より　減価償却費は、375,000円

30年分　調整前償却額の計算

225,000円（＝600,000円－375,000円）×0.625＝140,625円……③

③＞②より　減価償却費は、140,625円

元年分　調整前償却額の計算

84,375円（＝225,000円－140,625円）×0.625＝52,734円……④

④＞②より　減価償却費は、52,734円

２年分　調整前償却額の計算

31,641円（＝84,375円－52,734円）×0.625＝19,776円……⑤

⑤＜②より　減価償却費の計算は、

改定取得価額　31,641円×改定償却率1.000＝31,641円

ただし、耐用年数経過時点においては、備忘価額１円を残しますので、令和２年分の減価償却費は31,640円になります。

年　分	29年分	30年分	元年分	２年分
取　得　価　額	600,000			
償　却　保　証　額	31,644			
(期首)未償却残額	－	225,000	84,375	31,641
調　整　前　償　却　額	375,000	140,625	52,734	19,776
改　定　取　得　価　額	－	－	－	31,641
減　価　償　却　費	375,000	140,625	52,734	31,640
(期末)未償却残額	225,000	84,375	31,641	1

46　減価償却の計算方法（平成19年３月以前に取得した減価償却資産）

問　平成19年３月以前に取得した資産の減価償却費の計算にはどんな方法がありますか。代表的な例を挙げて説明してください。

〔回答〕　取得価額を基にして、「旧定額法」、「旧定率法」などの方法でその資産の耐用年数に応じた償却率を用いて計算します。

〔解説〕　一般に広く用いられているのは「旧定額法」と「旧定率法」で、これらの方法による減価償却費はそれぞれ次の算式で計算します（所法49、所令120）。

〔旧定額法〕

（取得価額－残存価額）× 旧定額法の償却率 ＝ その年の減価償却費の金額

〔旧定率法〕

取得価額（第２年目以降はその年の前年12月31日現在の未償却残額）× 旧定率法の償却率 ＝ その年の減価償却費の金額

また、上記の計算は、減価償却資産の種類に応じ、減価償却費の累積額がそれぞれ次の金額に達する（償却可能限度額）までできることになっています（所令134①）。

(1)　通常の減価償却資産……取得価額の95％に相当する金額

(2)　坑道及び無形固定資産……取得価額に相当する金額

(3)　生物……取得価額から残存価額を控除した金額に相当する金額

（注）　旧定額法により減価償却費の計算をする場合における当該減価償却資

産の残存価額は、建物、農機具等の一般の減価償却資産については取得価額の10％に相当する金額ですが、生物については取得価額に次の割合を乗じた金額（牛、馬については、この金額と10万円とのいずれか少ない金額）とされています（耐令６）。

牛	小運搬使役用	40％	馬	小運搬使役用	20％
	繁殖用の乳用牛	20％		繁殖用	20％
	種付用の役肉用牛	20％		競走用	20％
	種付用の乳用牛	10％		種付用	10％
	農業使役用、その他用	50％		農業使役用、その他用	30％
豚		30％			
綿羊、やぎ		5％			
果樹その他の植物		5％			

これを計算例で示すと次のようになります。

〔設　例〕

軽トラック購入価額……600,000円

耐用年数……４年

償却率
- 旧定額法の償却率……0.250
- 旧定率法の償却率……0.438

○旧定額法による減価償却費

毎　　年　（600,000円－60,000円）×0.250＝135,000円

○旧定率法による減価償却費

第１年目　600,000円×0.438＝262,800円

第２年目　（600,000円－262,800円）×0.438＝147,693円

第３年目　（600,000円－262,800円－147,693円）×0.438＝83,004円

47　既に償却可能限度額まで償却している場合の減価償却費の計算

問　平成19年３月以前に取得した減価償却資産について、償却可能限度額まで償却している場合でも減価償却ができるのでしょうか。

〔回答〕　平成19年３月31日以前に取得した減価償却資産については、償却費の特例により、償却可能限度額まで償却している場合でも減価償却ができます。

〔解説〕　償却費の特例については、次のものがあります。

1　堅牢な建物等の償却等の特例（所令134の２）

①　鉄骨鉄筋コンクリート造、鉄筋コンクリート造、れんが造、石造又はブロック造の建物

②　鉄骨鉄筋コンクリート造、鉄筋コンクリート造、コンクリート造、れんが造、石造又は土造の構築物又は装置

については、償却費の累積額が取得価額の95％に相当する金額に達したあとでも、なおその資産が業務の用に供されている場合には、その資産が業務の用に供されている限り、その資産の取得価額の５％に相当する金額から１円を控除した金額をその資産の耐用年数の10分の３に相当する年数（１年未満の端数は切り上げます。）で除した金額を、その95％に相当する金額に達した年の翌年以後の各年分の必要経費に算入することが認められています。

2　減価償却資産の償却累積額による償却費の特例（所令134②）

減価償却費の累積額が償却可能限度額に達している場合には、その達した年分の翌年分以後において、５年間で１円（備忘価額）まで償却することができます（次の計算式で計算します）。

〔計算式〕

（取得価額－償却可能限度額－１円）÷５＝減価償却費

これを計算例で示すと次のようになります。

〔設　例〕

陳列だな……400,000円

平成27年分までに償却可能限度額（取得価額の95%＝380,000円）まで償却していた場合

○減価償却費の計算

（400,000円－380,000円）÷５＝4,000円

年　分	27年分	28年分	29年分	30年分	元年分	２年分
（期首）未償却残額	40,000	20,000	16,000	12,000	8,000	4,000
減　価　償　却　費	20,000	4,000	4,000	4,000	4,000	3,999
（期末）未償却残額	20,000	16,000	12,000	8,000	4,000	1

※　未償却残額が１円になるまで償却しますので、令和２年分の減価償却費は、3,999円となります。

48　減価償却資産の償却方法の選定

問　減価償却資産を取得したときの償却方法の選定について教えてください。

〔回答〕　原則は、税務署長の承認を受けて、平成19年4月1日以後に取得したものは「定額法」又は「定率法」、平成19年3月31日以前に取得したものは「旧定額法」又は「旧定率法」のいずれかを選択できます。

〔解説〕　減価償却資産の償却方法の選定は、農機具や車両等については、税務署長の承認を受けて、平成19年4月1日以後に取得したものは定額法又は定率法、平成19年3月31日以前に取得したものは「旧定額法」又は「旧定率法」のいずれかを選択することができます。

この場合、減価償却資産の区分ごとに償却方法を所轄税務署長に対して書面で届け出る（資料5）ことになっています（所令123）。

しかし、生物（牛、馬、豚、みかん樹、りんご樹など）及び平成10年4月1日以後に取得した建物については「定額法（旧定額法）」並びに平成28年4月1日以後に取得した建物附属設備及び構築物については定額法によることとなっています。

また、農機具や車両等について納税者があらかじめ償却方法の届出をしていない場合には、「定額法（旧定額法）」によることとされています（所法49、所令120、120の2、125）。

（注）　平成19年3月31日以前に取得している農機具、車両等について、平成19年4月1日以後に同一の種類のものを取得した場合、減価償却資産の償却方法の届出をしていない場合には、「旧定額法」を選定しているとき

は「定額法」を、「旧定率法」を選定しているときは「定率法」を選定しているものとみなされます（所令123③）。

49　投下資本の早期回収を行うための減価償却方法

問　近頃は、農業でも多額の資本を機械に投下しなければならなくなりました。この資本を早期に回収するにはどの減価償却方法を採用すればよいのでしょうか。

　また、青色申告者の場合、所得税の計算上認められる資本の早期回収の方法としてどのような方法があるのでしょうか。

〔回答〕　一般的には「定率法」を適用する方が有利です。

〔解説〕　購入した農機具にかかる投下額を早く回収する方法として、次の方法があります。

○　減価償却の方法を定率法にします。

　一般的な減価償却法の方法として「定額法」がありますが、「定額法」と「定率法」による減価償却費を比較すると次のようになります。

（設例）

令和２年１月に取得

普通型コンバイン取得価額…1,000,000円

耐用年数…７年

償却率｛定率法の償却率…0.286、改定償却率…0.334、保証率…0.08680
　　　　定額法の償却率…0.143

年　　次	（定率法の減価償却費）	未償却残額	（定額法の減価償却費）	未償却残額
1　年　目	286,000円	714,000円	143,000円	857,000円
2　年　目	204,204円	509,796円	143,000円	714,000円
3　年　目	145,802円	363,994円	143,000円	571,000円
4　年　目	104,103円	259,891円	143,000円	428,000円
5　年　目	86,804円	173,087円	143,000円	285,000円
6　年　目	86,804円	86,283円	143,000円	142,000円
7　年　目	86,282円	1円	141,999円	1円

（参　考）

投下額を早く回収する方法としては、償却の方法のほか、次のような特別償却や割増償却等があります。ただし、⑴～⑶は青色申告者でなければ認められません。

⑴　**中小事業者が機械等を取得した場合の特別償却**

青色申告をしている中小事業者が、一定の要件を満たした特定機械装置等を取得（又は製作）して、農業などの指定事業の用に供した場合は、その特定機械装置等について計算される通常の償却費のほか、その基準取得価額の30％相当額を加算する特別償却（Ｐ150の問55参照）があります（措法10の３）。

⑵　**特定中小事業者が特定経営力向上設備等を取得した場合の特別償却**

青色申告をしている中小事業者が、中小企業経営強化法の認定を受けた経営力向上計画に基づき特定経営力向上設備等を取得（又は製作）して、農業などの指定事業の用に供した場合は、その特定経営力向上設備等について計算される通常の償却費（普通償却費）のほかに、その特定経営力向上設備等の取得価額からその普通償却費を控除した金額を加算する特別償却（即時償却）があります（措法10の５の３）。

⑶　通常の使用期間を超えて使用される機械装置の償却費の特例

通常の使用時間を超えて使用される機械装置についての一定の割合の割増償却を受ける方法があります（所令133）。

50　減価償却方法を変更する場合（定額法→定率法、旧定額法→旧定率法）

問　減価償却の方法を、「定額法」から「定率法」、又は「旧定額法」から「旧定率法」に変更した場合の計算はどのようになるのでしょうか。また、変更する場合にはどのような手続が必要となるのでしょうか。

〔回答〕「定額法」から「定率法」、又は「旧定額法」から「旧定率法」に変更した場合の計算は次のようになります。

また、償却方法を変更する場合には、新しく変更しようとする方法と変更の理由などを所轄税務署長に申請しなければなりません。

〔解説〕

1　定額法から定率法に変更した場合の計算

「定額法」から「定率法」に変更した場合の減価償却費の計算は、償却方法を変更した年の１月１日における未償却残額又はその減価償却資産に係る改定取得価額を基礎とし、その資産の法定耐用年数によって行います（所基通49―19）。

《取得価額1,000,000円、耐用年数５年、第２年目から変更する場合》

１年目（定額法）　取得価額1,000,000×償却率0.2＝200,000円

２年目（定率法）　①　調整前償却額の計算

期首未償却残額（1,000,000円－200,000円）×償却率0.4＝320,000円

②　償却保証額の計算

取得価額1,000,000円×保証率0.10800＝108,000円

①＞②より、減価償却費は320,000円になります。

3年目（定率法）　③　調整前償却額の計算

期首未償却残額（1,000,000円－200,000円－320,000円）×償却率0.4＝192,000円

③＞②より、減価償却費は192,000円になります。

（注）　耐用年数が5年の場合、定額法の償却率は0.200、定率法の償却率は0.400、保証率は0.10800です。

2　旧定額法から旧定率法に変更した場合の計算

「旧定額法」から「旧定率法」に変更した場合の減価償却費の計算は、償却方法を変更した年の1月1日の未償却残額を基礎として、その資産の法定耐用年数によって行います（所基通49—19）。

《取得価額1,000,000円、耐用年数5年、第2年目から変更の場合》

1年目（旧定額法）　取得価額1,000,000円×残存割合0.9×償却率0.2＝180,000円

2年目（旧定率法）　期首未償却残額（1,000,000円－180,000円）×償却率0.369＝302,580円

3年目（旧定率法）　期首未償却残額（1,000,000円－180,000円－302,580円）×償却率0.369＝190,928円

（注）　耐用年数が5年の場合、旧定額法の償却率は0.200、旧定率法の償却率は0.369です。

3　償却方法を変更する場合の手続

減価償却の方法を変更する場合は、変更しようとする年の3月15日までに、新しく選択しようとする方法、変更しようとする理由、変更しようとする減価償却資産の種類などを記載した申請書（資料6）を所轄税務署長に提出して承認を受けなければならないこととなっています（所

令124①②)。

なお、変更の申請書を提出した場合、その年の12月31日までにその申請について却下の通知がないときは、承認があったものとみなされます(みなし承認)(所令124⑤)。

51　減価償却方法を変更する場合（定率法→定額法、旧定率法→旧定額法）

問　減価償却の方法を「定率法」から「定額法」、又は「旧定率法」から「旧定額法」に変更した場合の計算はどのようになるのでしょうか。

〔回答〕「定率法」から「定額法」、又は「旧定率法」から「旧定額法」に変更した場合の計算は次のようになります。

〔解説〕

1　定率法から定額法に変更した場合の計算

「定率法」から「定額法」に変更した場合の減価償却費の計算は、次の⑴に定める取得価額を基礎として、次の⑵に定める年数によって行います（所基通49―20）。

⑴　その変更した年の１月１日における未償却残額を取得価額とみなします。

⑵　耐用年数は選択により、次のイまたはロに定める年数によります。

イ　その資産について定められている法定耐用年数

ロ　その資産について定められている法定耐用年数から経過年数を差し引いた年数（その年数が２年未満の場合は、２年とします。）

なお、この経過年数は、その変更した年の１月１日における未償却残額を実際の取得価額で除した割合に応じた、当該耐用年数に係る未償却残額割合に対応する経過年数（１年未満の端数は切り上げ）によります。

ここでは、法定耐用年数を選択した場合の計算例を示すと次のとおりになります。

《取得価額1,000,000円、耐用年数５年、第２年目からの変更の場合》

１年目（定率法）　①　調整前償却額の計算

取得価額1,000,000円×償却率0.4＝400,000円

②　償却保証額の計算

取得価額1,000,000円×保証率0.10800＝108,000円

①＞②より、減価償却費は400,000円となります。

２年目（定額法）　期首未償却残額（＝変更後取得価額）（1,000,000円－400,000円）×償却率0.2＝120,000円

３年目（定額法）　変更後取得価額（1,000,000円－400,000円）×償却率0.2＝120,000円

（注）　耐用年数が５年の場合、定率法の償却率は0.400、保証率は0.10800、定額法の償却率0.200です。

2　旧定率法から旧定額法に変更した場合の計算

「旧定率法」から「旧定額法」に変更した場合の減価償却費の計算は、次の(1)に定める取得価額及び残存価額を基礎として、次の(2)に定める年数によって行います（所基通49—20）。

(1)　その変更した年の１月１日における未償却残額を取得価額とみなし、実際の取得価額の10％に相当する金額を残存価額とします。

(2)　耐用年数は選択により、次のイ又はロに定める年数によります。

イ　その資産について定められている法定耐用年数

ロ　その資産について定められている法定耐用年数から経過年数を差し引いた年数（その年数が２年未満の場合は、２年とします。）

なお、この経過年数は、その変更した年の１月１日における未償却残額を実際の取得価額で除した割合に応じた、当該耐用年数に係

る未償却残額割合に対応する経過年数（1年未満の端数は切り上げ）によります。

ここでは、法定耐用年数を選択した場合の計算例を示すと次のとおりになります。

《取得価額1,000,000円、耐用年数5年、第2年目から変更の場合》

1年目（旧定率法）　取得価額1,000,000円×償却率0.369＝369,000円

2年目（旧定額法）　{期首未償却残額（変更後取得価額）（1,000,000円－369,000円）－残存価額1,000,000円×0.1}×償却率0.2＝106,200円

3年目（旧定額法）　{変更後取得価額（1,000,000円－369,000円）－残存価額1,000,000円×0.1}×償却率0.2＝106,200円

（注）耐用年数が5年の場合、旧定率法の償却率は0.369で、旧定額法の償却率は0.200です。

3　償却方法を変更する場合の手続

償却方法を変更する場合の手続は、前問（問50）を参照してください。

52　年の中途から使用した資産の減価償却

問　年の中途（５月）から事業に用いた減価償却資産の償却費は、どのようにして計算するのでしょうか。

〔回答〕　１年分の減価償却費を、使用している期間（月数）に応じてあん分計算します。

〔解説〕　年の中途から業務の用に供した減価償却資産の償却費は、その資産が「定額法」や「定率法」によって償却することとしているものである場合は、年間償却額を業務の用に供した日からその年の12月31日までの月数（１カ月未満の端数は切り上げて１カ月として計算します。）で月割計算した金額によることになっています。

したがって、５月から業務の用に供した資産の減価償却費は、次のように計算します（所令132①一イ）。

$$\text{1年分の減価償却費} \times \frac{8\ \text{（5月から12月までの月数）}}{12\ \text{（1年分の月数）}} = \text{その年分の減価償却費}$$

53　年の中途まで使用した資産の減価償却

問　減価償却資産を年の中途（9月）で譲渡した場合の減価償却費は、どのように計算するのでしょうか。

〔回答〕　1年分の減価償却費を、使用している期間（月数）に応じてあん分計算します。

〔解説〕　年の中途で譲渡した減価償却資産の償却費は、1月1日から譲渡した日までの期間の月数（1カ月未満の端数は切り上げて1カ月として計算します。）で月割計算した金額によることになっています。したがって、9月に譲渡した資産の減価償却費は、次のように計算することになります（所基通49—54）。

$$\text{1年分の減価償却費} \times \frac{9\text{（1月から9月までの月数）}}{12\text{（1年分の月数）}} = \text{その年分の減価償却費}$$

54　資本的支出を行ったときの減価償却

問　令和元年12月に、農作業倉庫が狭くなったので改築し、資本的支出の金額が200万円となりました。

減価償却費はどのように計算することになりますか。

〔回答〕　改築前と同じ耐用年数の農作業倉庫を元年12月に200万円で新たに取得したものとして減価償却費を計算することになります。

〔解説〕　改築した場合は、改築費のうちその農作業倉庫について通常の管理や修理をするものとした場合に予測される①農作業用倉庫の使用可能期間を延長させる部分に対応する金額か、②農作業用倉庫の価額を増加させる部分に対応する金額のうちいずれか多い金額は、「資本的支出」として減価償却をすることになります（P110の問31参照）。

平成19年4月1日以後に資本的支出を行った場合は、原則として、その資本的支出に係る金額を一の減価償却資産の取得価額として、その資本的支出を行った減価償却資産の種類及び耐用年数を同じくする減価償却資産を新たに取得したものとして減価償却費の額を計算することになります（所令127①）。

したがって、ご質問については、改築前と同じ耐用年数である農作業倉庫を令和元年12月に200万円で新たに取得したものとして、減価償却費を計算することになります。

（注）1　平成19年3月31日以前に資本的支出をした場合は、資本的支出を行った減価償却資産の取得価額に加算して減価償却費を計算することになります（旧所令127）。

2　平成19年3月31日以前に取得した減価償却資産に資本的支出を行っ

た場合には、その資本的支出を行った減価償却資産の取得価額に加算して減価償却費を計算することができます（所令127②）。

55　中小事業者が機械等を取得した場合の特別償却

問　中小事業者が機械等を取得した場合の特別償却について説明してください。

〔回答〕　中小事業者が機械等を取得した場合の特別償却は、青色申告者に認められている特典の1つで、一定の要件を満たすものについては、通常の償却費のほか、その基準取得価額の30％相当額以下の額を本来の額に追加して償却することができます。

〔解説〕　青色申告をしている農家などの中小事業者（注1）が、平成10年6月1日から令和3年3月31日までの間に製作後使用されたことのない特定機械装置等（注2）を取得（又は製作）して、事業（農業）の用に供した場合は、その特定機械装置等について計算される通常の償却費のほか、その基準取得価額の30％相当額以下の額を必要経費として算入することができます（措法10の3①、措令5の5、措規5の8）。

なお、償却不足額（必要経費に算入しなかった部分の額）については、翌年に繰り越して必要経費に算入することができます（措法10の3②）。

（注）1　中小事業者とは、常時使用する従業員数が1,000人以下の個人をいいます。

2　主なものは下表のとおり

機械及び装置で、1台又は1基の取得価額が160万円以上のもの
製品の品質管理の向上等に資する測定工具及び検査工具（電気又は電子を利用するものを含みます。）で1台又は1基の取得価額又は取得価額の合計額が120万円以上のもの
ソフトウェアで、電子計算機に対する指令で1の結果を得るように組み合わされたもので1の取得価額が70万円以上のもの

56　減価償却費の計上を忘れていた場合

問　昨年の８月に購入したコンバインについて、ついうっかりして減価償却するのを忘れて申告してしまいました。どうすればよいのでしょうか。

〔**回答**〕「更正の請求」の手続をとることによって減価償却費の計上が認められ、前年分の所得金額の訂正をすることができます。

〔**解説**〕所得税の場合の減価償却費は、法人税の場合と異なり、割増償却や特別償却のように特例として認められるものを除いては、税法で定められた一定の方法で計算した償却費の額が必要経費に算入されることになっています（強制償却）。

したがって、ご質問の場合のように減価償却することを忘れていた場合には、申告期限から５年以内であれば「更正の請求」の手続をすることによって、前年分の所得金額の訂正をすることができます（通法23①）。

57　自家育成の果樹の減価償却の開始時期

問　自分で育成する果樹等については、いつから減価償却ができるのでしょうか。

〔回答〕　成熟の樹齢に達した年から減価償却ができます。

〔解説〕　自分で育成する果樹等については、通常の場合はおおむね果実等の生産について採算が合うようになったと認められる樹齢に達した年から減価償却ができます（所基通49―27）。

なお、樹齢に達したかどうかの判定が困難な場合には、次の表の樹齢とすることができます（所基通49―28）。

種　類	細　目	樹　齢	種　類	細　目	樹　齢
かんきつ樹		満15年	すもも樹		満７年
りんご樹		10	いちぢく樹		5
ぶどう樹		6	茶　樹		8
梨　樹		8	オリーブ樹		8
桃　樹		5	桑　樹	根刈り、中刈り、高刈り	3
桜桃樹		8		立て通し	7
びわ樹		8	こりやなぎ		3
くり樹		8	みつまた		4
梅　樹		7	こうぞ		3
かき樹		10	ラミー		3
あんず樹		7	ホップ		3

58　繰延資産の範囲

問　繰延資産とはどのようなものをいうのでしょうか。

〔**回答**〕　事業などに関して支出する費用のうち、その支出の効果がその支出の日以後１年以上に及ぶものをいいます。

〔**解説**〕　繰延資産とは不動産所得、事業(農業)所得、山林所得又は雑所得を生ずべき業務に関し支出する費用のうちその支出の効果がその支出の日以後１年以上に及ぶ次に掲げるものをいいます（所法２①二十、所令７①)。

⑴　**開業費**（事業などを開始するまでの間に開業準備のために特別に支出する費用）

⑵　**開発費**（新技術・新経営組織の採用、資源の開発、市場の開拓のために特別に支出する費用）

⑶　**⑴及び⑵までの費用のほか、次の費用**

イ　自己が便益を受ける公共的施設又は共同的施設の設置又は改良のための費用

ロ　資産を賃借し又は使用するために支出する権利金、立退料その他の費用

ハ　役務の提供を受けるために支出する権利金その他の費用

ニ　製品等の広告宣伝の用に供する資産を贈与したことにより生ずる費用

ホ　イからニまでの費用のほか、自己が便益を受けるための費用

これらの費用は、その支出の効果がその支出の日以後相当の期間に及ぶので、その費用をその支出の日の属する年分の一時の必要経費に算入する

ことは適当でないため、繰延資産として経理し、その支出の効果の及ぶ期間にわたって償却し、その償却費だけを毎年の必要経費に算入することになっています。

59　繰延資産の償却方法

問　繰延資産はどのように償却すればよいのでしょうか。

〔回答〕　繰延資産の額をその繰延資産となる費用の支出の効果が及ぶ期間の月数で除し、業務（農業）を行っていた期間の月数を乗じて計算します。

〔解説〕　繰延資産の額は、その支出の効果が及ぶ期間に割りふって、その期間に対応する分だけが各年の必要経費になりますが、この必要経費に算入される額(償却費)は、次の算式で計算した金額です（所法50①、所令137①）。

繰延資産の額	×	その年において業務を行っていた期間の月数 / 支出の効果の及ぶ期間の月数	=	その年の償却費

(注) 1　「月数」は、暦にしたがって計算し、1カ月未満の端数は1カ月とします（所令137②）。

2　「支出の効果の及ぶ期間の月数」は、開業費、開発費については60カ月となっています（所令137①）。

なお、繰延資産に該当する費用であっても、開業費、開発費以外のものでその金額が20万円未満のものは、その金額が支出した年分の必要経費に算入されることになっています（所令139の２）。

また、開業費、開発費については、上の算式で計算した金額によらず、その支出した金額のうちの任意の金額を償却することができます（所令137③）。

60　土地改良区の受益者負担金

問　従前から所有している農用地の区画整理にかかる土地改良区の賦課金（受益者負担金）を10アール当たり15,000円納付しました。この賦課金は、必要経費に算入してよろしいのでしょうか。

〔回答〕　受益者負担金のうち永久資産の取得費に対応する部分以外の金額は、必要経費に算入することができます。

〔解説〕　土地改良区の受益者負担金については、次のように取り扱われます（昭43直所４—１）。

⑴　受益者負担金のうち、①土地改良施設の敷地等の土地の取得費及び農用地の整理、造成に要した金額のような永久資産の取得費対応部分は必要経費不算入とし、②減価償却資産及び公道その他一般の用に供される道水路等の取得費対応部分は繰延資産に該当するものとしてその償却額を必要経費に算入し、③毎年の維持管理費に相当する金額は支出する年分の必要経費に算入します。

⑵　なお、賦課金の金額が10アール当たり10,000円未満のときは、上記の区分計算を省略し、支出した賦課金の全額をその年の必要経費に算入することも認められています。

ご質問の場合には賦課金の金額が10アール当たり10,000円を超えていますので、上記⑴により計算した金額のうち、②及び③の金額をその年の事業（農業）所得の計算上必要経費に算入することができます。

61　耕作組合の会館建設のための拠出金

問　○○耕作組合会館を建設することになり、その資金として60万円拠出しました。この拠出金については、必要経費に算入することができるのでしょうか。

〔回答〕　この拠出金は、繰延資産に該当しますので、償却費として必要経費に算入することができます。

〔解説〕　自己の所属する耕作組合が、その共同的施設として会館等の建設に負担金を徴収する場合に支払った金額は、繰延資産となります（所令７①三十）。

したがって、ご質問の場合には繰延資産として毎年の償却費を事業（農業）所得の計算上必要経費に算入することができます。

なお、この場合の償却期間は、その会館が建設費の負担者又は組合員の共同の用に供されるものである場合、又は耕作組合の本来の用に供されるものである場合は、①その施設の建設又は改良に充てられる部分の負担金についてはその施設の耐用年数の70％に相当する年数とされ、②土地の取得に充てられる部分の負担金については45年とされています（所基通50—３）。

ただし、会館が、耕作組合の本来の用に供されるものについては、上記の年数が10年を超える場合には、その償却期間は10年とされています（所基通50—４）。

62　公共下水道の受益者負担金

問　私は養豚業を営んでいますが、本年８月、市に公共下水道の受益者負担金を支払いました。この受益者負担金は、所得計算の上でどのように取り扱われるのでしょうか。

〔回答〕　繰延資産として償却することができます。

〔解説〕　地方公共団体が都市計画事業として、公共下水道を設置しますと、周辺の土地所有者等は、その設置によって著しく利益を受けることになりますので、このような土地所有者等は、一定の受益者負担金を負担することがあります。このような受益者負担金はその土地が事業の用に使用される場合には、事業の遂行に関連して負担するものと認められ、また、その支出の効果も将来に及びますから、その負担金は繰延資産として取り扱われます（所令７①三十）。

なお、その土地が事業の用と住宅など事業以外の用とに併用されている場合には、負担金のうちその事業の用に使用されている部分に対応する額に限って繰延資産としてその償却費が必要経費に算入できることになりますが、事業用部分と住宅用等部分との区分は、一般には、それぞれ専用する土地の面積の割合により区分することになります。

また、この場合の償却期間は、この受益負担金により設置される公共下水道は、負担者が専ら使用するものでありませんから、その償却期間は原則として下水道施設の法定耐用年数の40％に相当する年数となりますが（所基通50―３）、都市計画法その他の法令の規定に基づいて負担する公共下水道の受益者負担金については、特にその償却期間を６年とすることとされています（所基通50―４の２）。

63　前払費用

問　本年11月から来年10月までの１年分をまとめて農作業用倉庫の火災保険料３万円を支払いました。この保険料は全額本年分の必要経費として認められるのでしょうか。

〔回答〕　原則として、保険料を支払った期間に対応する部分の保険料が支払った年の必要経費となります。

〔解説〕　所得の計算上、「前払費用」がある場合は、一般の企業会計の場合と同様、その「前払費用」はその年分の必要経費とはしないで、原則として、所得の計算期間に対応する金額だけをその年の必要経費とすることになります。

（注）「前払費用」とは、例えば、未経過保険料、未経過支払利息、前払賃借料など一定の契約に基づき継続的に役務の提供を受けるために支出する費用のうち、その支出する年の12月31日などにおいてまだ提供を受けていない役務に対応するものをいいます（所令７②）。

ただし、継続して適用することを条件に、通常支払うべき日後支払う１年以内の期間分に相当する「前払費用」については、その全額を支払った日の属する年分の必要経費にすることができます（所基通37―30の２）。

したがって、ご質問の場合も、継続して適用することを条件に、支払われた１年分の保険料３万円は、その全額を本年分の必要経費にすることができます。

64　農業用固定資産の損失額の評価

問　本年9月の台風で、農作業用倉庫が被害を受けました。この損害は、どのように取り扱われるのでしょうか。また、損失額はどのように計算するのでしょうか。

〔回答〕　保険金等で補塡される部分を除き、必要経費となります。

〔解説〕　事業（農業）の用に供される固定資産や繰延資産の取りこわし、除却、滅失（価値の減少を含みます。）その他の事由により生じた損失の金額（保険金、損害賠償金等により補塡される金額などを除きます。）は、事業（農業）所得等の計算上必要経費に算入されます（所法51①、所令140）。

この場合、必要経費に算入される損失額は、次の1又は2の算式で計算した損失の生じた直前のいわゆる帳簿価額から損失の基因たる事実の発生直後におけるその資産の価額（時価）と廃材など発生資材の価額との合計額を控除した金額（保険金、損害賠償金等により補塡される部分の金額を除きます。）です（所令142、143、172、所基通51―2）。

1　昭和27年12月31日以前に取得した資産

（昭和28年1月1日現在の相続税評価額又は任意再評価額のうちいずれか高い金額(A)）＋（昭和28年1月1日以後に支出した設備費及び改良費の金額(B)）

－ (A)及び(B)を基としてその損失が生じた日までの期間について計算される減価償却費の累積額

2　昭和28年1月1日以後に取得した資産

（取得価額(A)　＋　設備費及び改良費の額(B)）－（(A)及び(B)を基としてその損失が生じた日までの期間について計算される減価償却費の累積額）

したがって、ご質問の場合の損失額ですが、①固定資産の帳簿価額で上記の算式で計算してその帳簿価額を損失が生じた日の直後における固定資産の時価と比較して、時価が低い場合には、その差額を損失が生じた年の必要経費に算入できますが、②損失が生じた日の直後における時価の方がまだ上記の算式で計算した帳簿価額より高い場合には、損失はなかったことになります。

なお、災害による事業（農業）用固定資産の損失は、その年の確定申告書を提出し、その後において連続して確定申告書を提出している場合には、３年間の繰越控除が認められます（所法70②④）。

被害直前の帳簿価額

被害直後の資産の価額（時価）

廃材などの発生資材の価額

保　険　金　等

損　失　額

65　農業用固定資産の盗難損

問　本年9月に農業用貨物自動車を盗まれてしまいました。この車は今年4月に60万円で買ったもので、保険は掛けていませんでした。この損失は必要経費になるのでしょうか。

〔回答〕　盗難にあった年の必要経費になります。

〔解説〕　事業（農業）用に使用していた固定資産が盗難にあった場合のその損失額は、事業（農業）所得の必要経費となります。

したがって、ご質問の場合、必要経費とされる損失額はその貨物自動車の盗難時の未償却残額（60万円－（4月～9月までの減価償却費））です（所法51①、所令142）。

なお、損失額を必要経費に算入した後に貨物自動車が返還されたときには、遡ってその年分の所得金額を訂正することになっています（所基通51—8）。

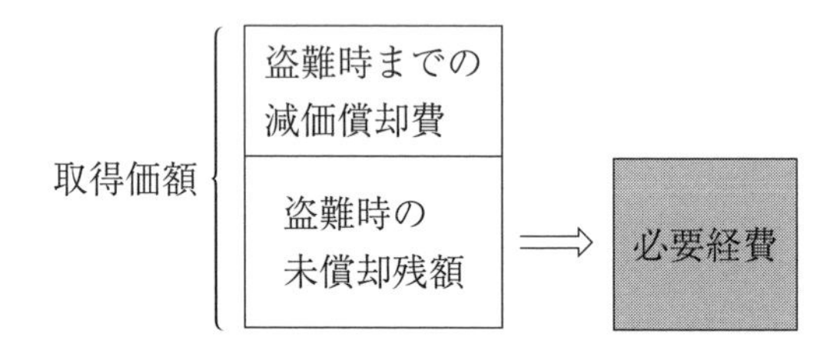

66　現状回復のための費用の計算

問　昨年12月の豪雪により農作業用倉庫が損壊したので、本年に入ってからその修繕をしました。この費用は本年分の必要経費となるのでしょうか。

〔回答〕　修繕費のうち、未償却残額から被災直後の時価を控除した金額に相当する金額は「資本的支出」とし、残りの金額を修繕費とします。

〔解説〕　損壊した事業（農業）用の固定資産の原状回復のために要した修繕費については、その資産の帳簿価額から損壊直後のその資産の価額（時価）を控除した金額が資産損失として必要経費に算入されますので、これと重複して控除しないようにするため、その資産損失に相当する金額までの金額は「資本的支出」とし、残りの金額はその支出をした日の属する年分の事業（農業）所得の計算上、必要経費（修繕費）に算入することになっています（所基通51―3）。

したがって、ご質問の修繕の費用のうち、資産損失に相当する金額に相当する金額については、「資本的支出」となり、残りの金額が修繕費となります。

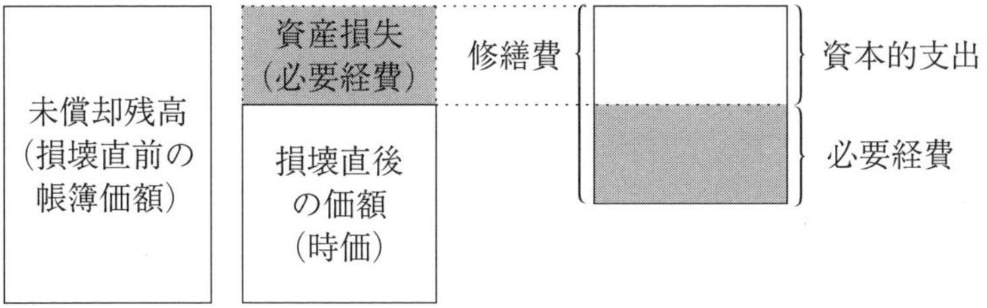

未償却残高（損壊直前の帳簿価額）
資産損失（必要経費）
損壊直後の価額（時価）
修繕費
資本的支出
必要経費

67　農産物等の代金が回収不能となった場合

問　果実（みかん）の出荷先（○○会社）が本年倒産し、前年11月に出荷した果実の代金100万円が回収不能となりました。
　この損失はどのように取り扱われるのでしょうか。

〔回答〕　貸倒損失として必要経費に算入できます。

〔解説〕　回収不能となった売掛金については、貸倒金として回収不能となった年分の必要経費に含めることになります（所法51②）。

　したがって、ご質問の場合は、果実を出荷した年分ではなく、その会社が倒産し果実の代金100万円が回収不能となった本年分の必要経費に計上することになります。

　また、帳簿上は、貸し倒れとなった売掛金勘定の残高をその損失の金額（100万円）だけ減額し、経費（貸倒損失）勘定にその金額に相当する額を計上することになります。

（貸倒損失）1,000,000円／（売掛金）1,000,000円

　なお、貸し倒れ処理した後に貸倒金を回収した場合は、回収した年分の事業（農業）所得の収入金額（雑収入）に計上することになります。

（現金）1,000,000円／（雑収入）1,000,000円

68　水害による被害

問　本年７月の大雨による水害で次の被害がありました。この損害はどのように取り扱われるのでしょうか。

　１　収穫した野菜が流失

　２　コンバインが冠水（分解掃除が必要）

　３　住居が浸水（たたみ、ふすま、家具が被害）

〔回答〕　農業にかかる部分の被害については、事業（農業）所得の必要経費となります。

〔解説〕　(1)　収穫した野菜（棚卸資産）の流失による損害については、売上原価の計算を通じて、その損害額が事業（農業）所得の金額の計算上必要経費に算入されます。

(2)　コンバインが冠水し、分解掃除に要した金額についても、(1)と同様必要経費となります。

(3)　住居が浸水したことにより受けた損害については、住民は業務用資産に該当しないため、事業（農業）所得の計算上必要経費にはなりませんが、その損害額が総所得金額等の合計額の10分の１に相当する金額を超えるときは、その超える部分の金額が所得控除（雑損控除）として控除されます（所法72）。

69　自動車運転免許の取得費用

問　農業用貨物自動車（大型）を利用するため青色事業専従者である長男に運転免許を取らせました。その費用は事業（農業）所得の必要経費となるのでしょうか。

〔回答〕　事業（農業）に専ら従事している者については、必要経費になります。

〔解説〕　事業（農業）の経営者又は使用人（事業（農業）を営む者の親族で事業（農業）に従事しているものを含みます。）がその事業（農業）の遂行上直接必要な技能又は知識の修得又は研修等を受けるために要する費用の額は、その修得又は研修等のために通常必要とされるものに限り、必要経費に算入されます（所基通37—24）。

したがって、ご質問の場合、青色事業専従者である長男が運転免許の取得に要した費用は、事業（農業）の遂行上通常必要と認められますので事業（農業）所得の必要経費となります。

70　研修のための費用

問　花きの栽培を行っています。花き市場の視察や栽培技術研修会の参加費用などは事業（農業）所得の必要経費となるのでしょうか。

〔回答〕　事業（農業）のために直接必要な研究、研修費は、必要経費となります。

〔解説〕　事業（農業）を営む事業主及び使用人（事業（農業）を営む者の親族で事業（農業）に従事している者を含みます。）が事業（農業）経営を遂行するため、直接必要な視察費用、研修会の参加費用及び専門図書の購入費の額については通常必要とされるものに限り、必要経費とされます（所基通37—24）。

71　交通事故を起こした時の損害賠償金と罰金

問　野菜を自動車で出荷する途中で人身事故を起こしてしまいました。

その時に支払った、「損害賠償金」と「罰金」は、事業（農業）所得の必要経費となるのでしょうか。

〔回答〕「損害賠償金」は、事業（農業）に関連したもので、故意又は重大な過失がなければ必要経費となりますが、「罰金」は必要経費となりません。

〔解説〕　事業（農業）の遂行上発生した事故により負担した損害賠償金（慰謝料、示談金、見舞金等他人に与えた損害を補填するために支出する一切の費用を含みます。）は、その事故を起こしたことについて、故意又は重大な過失がない場合には、その負担した賠償金の金額（保険等により補填される金額を除きます。）は事業（農業）所得の必要経費とすることができます（所法45①七、所令98）。

しかし、「罰金及び科料」並びに「過料」については必要経費に算入されません（所法45①六）。

したがって、ご質問の場合、その事故を起こしたことについて、故意又は重大な過失がない場合には、「損害賠償金」は事業（農業）所得の計算上必要経費になりますが、「罰金」については必要経費に算入されません。

72　訴訟費用と弁護士に支払った費用

問　田の境界をめぐって争いが生じました。訴訟費用や弁護士に支払う費用は必要経費となるのでしょうか。

〔回答〕　事業（農業）の遂行上生じた紛争を解決するために支出した費用は必要経費となります。

〔解説〕　事業（農業）を営む者がその事業（農業）の遂行上生じた紛争又はその事業（農業）の用に供されている資産について生じた紛争を解決するために支出した弁護士の報酬や訴訟費用は、次に掲げるようなものを除き、その支出した日の属する年分の事業（農業）所得の金額の計算上必要経費に算入されることになっています（所基通37—25）。

①　その取得の時においてすでに紛争の生じている資産に係るその紛争又はその取得後紛争を生ずることが予想される資産につき生じたその紛争に係るもので、これらの資産の取得費とされるもの
②　山林又は譲渡所得の基因となる資産の譲渡に関する紛争に係るもの
③　必要経費に算入されない租税公課に関する紛争に係るもの
④　他人の権利を侵害したことによる損害賠償金で故意又は過失により必要経費に算入されないものに関する紛争に係るもの

したがって、ご質問の場合、事業（農業）の用に供している資産（田）について生じた紛争の解決（境界の確定）をするために支払う訴訟費用や弁護士の報酬ですから、これらのものは事業（農業）所得の必要経費とすることができます。

73　親族に支払った地代・家賃

問　父から農地の一部を借りて、そこで野菜を栽培しようと考えています。父には世間相場並みの地代を支払う予定ですが、この地代は事業（農業）所得の必要経費となるのでしょうか。

なお、私は独身で父と同居し生計を一にしています。

〔回答〕　生計を一にする親族に支払う対価は必要経費に算入できません。

〔解説〕　事業（農業）の用に使用するために借りた資産の使用料は、通常は事業（農業）所得の必要経費になりますが、父親などの親族が所有する資産を事業（農業）のために使用したことによってその親族に支払う使用料については、次のとおり取り扱われることになっています（所法56）。

(1)　生計を一にする親族に支払う使用料については、事業（農業）所得の必要経費に算入されません。その反面、その親族が支払を受ける使用料収入はないものとみなされ、また、その資産について生じた費用（例えば、固定資産税、減価償却費など）は、本人の事業（農業）所得の計算上必要経費に算入することになります。

(2)　生計を一にしていない親族に支払う使用料については、一般の使用料と同様に取り扱われます。したがって、支払った使用料は事業（農業）所得の必要経費となり、一方、その使用料はその親族の収入金額となります。

なお、ここで「生計を一にする」というのは、必ずしも同一の家屋に起居していることを必要としないこととなっていますが、同一の家屋に起居している場合には、明らかに互いに独立した生活を営んでいると認められる場合を除いて「生計を一にする」ものとして取り扱うことになっています（所基通２―47）。

ご質問の場合は、あなたとお父さんは「生計を一にしている」とのことですので、あなたがお父さんに支払う地代は事業（農業）所得の必要経費とすることはできません。

<table>
<tr><td rowspan="3">使用料</td><td>生計を一にする親族に支払ったもの</td><td>必要経費にはならない</td></tr>
<tr><td>生計を一にしない親族に支払ったもの</td><td rowspan="2">必要経費となる</td></tr>
<tr><td>親族以外の人に支払ったもの</td></tr>
</table>

74　農業者年金と国民年金の掛金

問　農業者年金の掛金（保険料）は、必要経費となるのでしょうか。

〔回答〕　農業者年金の保険料は、必要経費にはなりません。

〔解説〕　農業者年金の保険料は、家事上の費用（家事費）に該当するものとして事業（農業）所得の必要経費にはなりませんが、社会保険料控除の対象となる保険料に該当しますので、所得控除として所得金額から差し引くことになります（所法74②六）。

75　農業経営基盤強化準備金の必要経費算入

問　私は、青色申告をしていますが、本年に経営所得安定対策交付金を受け取り、その一部を農業用固定資産の取得のために準備金を積み立てました。税務上の特典があると聞きましたが、どのような特典ですか。

〔回答〕　一定の要件を満たすことにより、法令に従い計算した金額を農業経営基盤強化準備金として積み立てた場合、積み立てた年分の事業（農業）所得の計算上、必要経費に算入することができます。

〔解説〕　青色申告する個人で、農業経営基盤強化促進法第12条第１項に規定する農業経営改善計画に係る同項の認定又は同法第14条の４第１項に規定する青年等就農計画に係る同項の認定を受けた者（認定農業者等）が、平成19年４月１日から令和３年３月31日の間の各年（事業を廃止した日の属する年分を除きます。）において、交付金等（注１）の交付を受けた場合に、それぞれ同法第13条第２項に規定する認定計画又は同法第14条の５第２項に規定する認定就農計画（認定計画等）の定めるところに従って行う農業経営基盤強化に要する費用の支出に備えるため、

①　認定計画等に記載された農用地等の取得に充てるための金額として農林水産大臣が証明した金額

②　その積み立てを行った年分の事業（農業）所得の金額（注２）

のうち、いずれか少ない金額以下の金額を農業経営基盤強化準備金として積み立てたときは、その積み立てた金額は、その積み立てた年分の事業（農業）所得の計算上、必要経費に算入することができます（措法24の２①）。

（注１）　本制度の対象となる交付金等は次の交付金等です（令和２年度予算）。

経営所得安定対策交付金、水田活用直接支払交付金

（注２）　次のｉ～iiiを差し引く前の金額となります。

ｉ　農業経営基盤強化準備金として積み立てた金額として必要経費に算入すべき金額

ii　認定計画等に基づき取得した農用地等に係る必要経費として算入すべき金額（次問参照）

iii　青色申告特別控除の金額

(参考)

農業経営基盤強化準備金を積み立てている場合に、次に掲げる金額については、それぞれ該当する日の属する年分の事業（農業）所得の収入金額に算入することになります（措法24の２②③）。

⑴　積み立てをした年の翌年１月１日から５年を経過した農業経営基盤強化準備金の金額

⇨５年を経過した日の属する年分にその金額を収入金額に算入します。

⑵　農業経営基盤強化準備金の任意取崩し金額

⇨取り崩した日の属する年分にその金額を収入金額に算入します。

⑶　認定農業者等に該当しなくなった場合、認定計画等が取り消された場合又は事業を廃止した場合の農業経営基盤強化準備金の金額

⇨当該事実があった日の属する年分に農業経営基盤強化準備金の金額を収入金額に算入します。

なお、青色申告書の提出をやめた場合、又は青色申告書の提出の承認を取り消された場合には、農業経営基盤強化準備金の金額は、やめた日又は承認を取り消された日の属する年分及び翌年分の収入金額に算入します（措法24の２④）。

76　認定計画等の定めるところにより取得した農用地等に係る必要経費算入

問　私は、青色申告を行っており、農業経営基盤強化準備金を有していますが、本年、農業経営改善計画に記載している農用地を取得しました。

税務上の特典があると聞きましたが、どのような特典ですか。

〔回答〕　一定の要件を満たすことにより、農用地の取得に要した金額のうち、法令に従い計算した金額を、農用地の取得した日の属する年分の事業（農業）所得の計算上、必要経費に算入することができます。

〔解説〕　農業経営基盤強化準備金の金額を有する個人（農業経営基盤強化準備金の必要経費算入の特例適用を受けることができる個人を含みます。）が、各年において、農業経営基盤強化促進法に規定する認定計画等の定めるところにより、同法第４条第１項第１号に規定する農用地等の取得をした場合は、

①　次の金額の合計額（農用地等の取得に要した金額が上限となります。）

イ　その取得した年における農業経営基盤強化準備金の任意取崩しや、積立をした翌年から５年を経過したことにより収入金額に算入する金額

ロ　その取得した年に交付金等（注１）の交付を受けた額のうち農業経営基盤強化準備金として積み立てられなかった金額として、農林水産大臣が証明した金額

②　その取得した年分の事業（農業）所得の金額（注２）

のいずれか少ない金額を、その年分の事業（農業）所得の計算上必要経費

に算入することができます（措法24の３）。

（注１）対象となる交付金等は、前問75（注１）記載の交付金等と同じです。

（注２）②の事業（農業）所得の金額とは、次のⅰ及びⅱを差し引く前の金額です。

ⅰ　認定計画等に基づき取得した農用地等に係る必要経費として算入すべき金額

ⅱ　青色申告特別控除の金額

なお、本特例の適用を受けた場合の農用地等について所得税に関する法令の規定（農用地の譲渡に係る譲渡所得の特例など）を適用する場合は、当該農用地等の取得に要した金額から、本特例による必要経費に算入した金額を控除した金額を取得価額とみなします（措令16の３⑤）。

第3章　農業以外の所得（農業に関連する所得で農業所得とならない所得）

1　農業協同組合から受ける共済金

問　農業協同組合から、次の共済金を受け取りました。

①　生命共済契約に基づく満期一時金

②　台風被害を被った農業用建物の建物共済の共済金

これらの共済金は、どのように取り扱われるのでしょうか。

〔回答〕　生命共済契約に基づく満期一時金は一時所得（又は贈与）、建物共済契約に基づく共済金（災害補償部分に限ります。）は非課税となります。

〔解説〕

1　生命共済金の課税関係

生命共済契約に基づいて満期により支払われる一時金は、生命共済の掛金を誰が負担したかによって「一時所得」（所得税）又は「贈与税」の課税対象となります。

すなわち、生命共済の掛金を負担した人自身がその生命共済金の支払を受けた場合には、生命共済金は、その支払を受けた人の一時所得として課税されることとなり、次の算式で計算した金額の2分の1を他の所得（農業所得など）と総合し、所得税を計算します（所法34、所令183②）。

$$\left(\begin{array}{l}\text{生命共済金}\\\text{の支払額Ⓐ}\end{array}\right) - \left\{\left(\begin{array}{l}\text{Ⓐにつき負}\\\text{担した掛金}\end{array}\right) - \left(\begin{array}{l}\text{Ⓐにつき支払わ}\\\text{れた剰余金等}\end{array}\right)\right\}$$

$$- \left(\begin{array}{l}\text{一時所得の特別}\\\text{控除額50万円}\end{array}\right) = \text{〔一時所得の金額〕}$$

また、生命共済の掛金を負担した人以外の人がその生命共済金の支払を受けた場合には、掛金を負担した人から共済金を受け取った人に対して共済金の贈与があったものとされ、共済金は贈与税の課税対象となります（相続税法３①一）。

2　建物共済金の課税関係

損害保険契約に基づく保険金及びこれに準ずる共済契約に基づく共済金のうち、資産の損害に基因して支払を受けるものについては、原則として所得税を課さないこととされています（所法９①十七、所令30二）。

しかし、資産の損害について、事業（農業）所得所得の必要経費に算入しようとするとき、又は雑損控除の対象にしようとするときは、その損害額から共済金の額を差し引いた金額によって必要経費の金額や雑損控除の金額を計算することとなります（所法51①一、72①）。

2　農機具更新共済から受ける各種共済金

問　私は、農機具更新共済に加入していますが、満期共済金や事故共済金を受け取った場合、どのように取り扱われるのでしょうか。

〔回答〕　満期共済金は一時所得となり、事故共済金は非課税となります。

〔解説〕

1　満期共済金

農機具更新共済の満期共済金は、損害保険契約に基づく満期返戻金と同様に「一時所得」の総収入金額に算入することになります（所法34、所令184②）。

また、農機具更新共済の積立共済金は、損害保険契約に基づくものと同様に、一時所得の計算上、満期共済金から控除されます（所令184②）。

2　事故共済金

農機具更新共済に基づく事故共済金は、まず、その農機具の資産損失額（必要経費）を補てんする金額に充てられます（所法51①）。

事故共済金から資産損失額（必要経費）を補てんした後に、さらに残額がある場合には、その金額は「非課税」となります（所令30二）。

3　農機具の譲渡による所得

問　３年前に100万円で購入した耕運機を20万円で売り払いました。この売却により生ずる損益は、どのように取り扱われるのでしょうか。

〔回答〕　農機具などの減価償却資産の譲渡による損益は、原則として「譲渡所得」になります。

〔解説〕　取得価額が10万円以上の農機具は減価償却資産に該当しますが、減価償却資産の譲渡による所得は、原則として、「譲渡所得」に該当しますので、事業（農業）所得の計算とは区分して所得を計算する必要があります（所法33）。

すなわち、減価償却資産の譲渡による収入金額から、その資産の取得価額（譲渡の日までの減価償却費の累計額を差し引いた後の金額）と譲渡費用を差し引き、その差し引いた後の金額が黒字の場合にはそれから更に50万円の特別控除額（黒字の額が50万円未満のときは黒字の額とされます。また、２以上の資産を譲渡しているときは、全体の譲渡損益を通算した上で50万円を差し引きます。）を差し引いた金額が「譲渡所得」の金額になります（所法33③）。この譲渡所得の金額は、事業（農業）所得や配当所得などの他の所得と総合されて所得税の計算の基礎となります。また、譲渡による収入金額から取得価額と譲渡費用を差し引いた金額が赤字の場合には、その赤字の額を事業（農業）所得や配当所得などの他の所得から差し引くことができます。これを損益通算といいます（所法69）。

4　農業協同組合の預金利子

問　農業協同組合の営農口座に振り込まれた農作物の販売代金の一部を定期預金にしておいたところ、このほどその利子として５千円が支払われました。この利子はどのように取り扱えばよいのでしょうか。

〔回答〕　金融機関などが受け入れた預貯金の利子は、「利子所得」となります。

〔解説〕　銀行や信用金庫などの金融機関のほか、預貯金の受け入れをする農業協同組合などが受け入れた預貯金の利子にかかる所得は、「利子所得」に該当することとされています（所法23）。したがって、農産物の販売代金のような事業（農業）所得の収入金額を預金した場合に、その預金について生じた利子であっても、事業（農業）所得ではなく「利子所得」に該当することになります。

なお、預貯金の利子については、障害者等の少額預金の利子等（所法10）で非課税とされているものを除き、15％（このほかに地方税５％）の税率の源泉徴収だけで納税が完了する源泉分離課税となっています（措法３）。

5　小作料収入

問　所有農地の一部を友人に貸与し、小作料として30万円受け取りました。この収入はどのように取り扱えばよいのでしょうか。

〔回答〕　農地などの不動産の貸付けによる所得は、「不動産所得」になります。

〔解説〕　土地や建物のような不動産を貸付けたことによる所得は、原則として、「不動産所得」になります（所法26）。農地などのように農業のため使用していた不動産を賃貸した場合も、同様です。

したがって、ご質問の場合は、友人から受け取った小作料30万円は、「不動産所得」の収入金額になります。

6　離作料

問　小作地の返還にともない地主から500万円の離作料をもらいました。この収入はどのように取り扱えばよいのでしょうか。

〔回答〕　小作地の返還に伴い地主から支払われる離作料は、「譲渡所得」に該当します。

〔解説〕　契約に基づいて譲渡所得の基因となるべき資産が消滅したことに伴い受け取る補償金は、「譲渡所得」の収入金額とされます（所令95）。また、この場合の「譲渡所得の基因となるべき資産」とは、棚卸資産（棚卸資産に準ずる資産を含みます。）、山林及び金銭債権以外の一切の資産をいうものとされ、借家権のような事実上の権利も含まれるものとされています（所基通33―１）。

ご質問の場合には、地主との契約に基づいて小作地を返還することにより小作人として所有していた耕作権が消滅し、その消滅について500万円を受け取ったと思われることから、この500万円は「譲渡所得」の収入金額に該当することになります。

7　農業委員会等の委員報酬

問　私は農業委員会の委員に選任され、同委員会から報酬の支給を受けています。また、報酬とは別に僅かですが旅費の支給も受けています。これらの収入は、どのように取り扱えばよいのでしょうか。

〔回答〕　委員報酬は、原則として「給与所得」になります。

〔解説〕　国や県・市町村などの委員会（審議会、調査会、協議会などの名前で呼ばれているものも含まれます。）の委員として支給される謝金、手当などの報酬（委員報酬）は、原則として「給与所得」に該当することとされています。ただし、次の要件のいずれをも満たす場合の委員報酬については、課税されないものとして取り扱われています（所基通28―7）。

⑴　その委員会を設置している国や県・市町村などからその委員報酬以外に給与などの支給を受けていないこと。
⑵　その委員会の委員として旅費その他の費用の弁償を受けていないこと。
⑶　その年中に支払を受ける委員報酬の額が1万円以下であること（1万円以下であるかどうかの判定は、各委員会ごとに行います。）。

ご質問の場合は、委員会から旅費が支給されるということですので、委員報酬の支給額の多少にかかわらず、「給与所得」として課税されることになります（「給与所得」については、収入金額から給与所得控除額（最低55万円）を差し引いて計算します。）。

8　農業者年金

問　私は、農業者年金に加入しており、農業者老齢年金の支給を受けました。この年金は、どのように取り扱えばよいのでしょうか。

〔回答〕　農業者老齢年金は、「雑所得」になります。

〔解説〕　農業者老齢年金は、国民年金などの他の公的年金と同様に「雑所得」として取り扱われます（所法35③、31一）。また、経営移譲年金についても、農業者老齢年金と同様に「雑所得」として取り扱われます。

これらの公的年金等にかかる「雑所得」の金額は、公的年金等の収入金額から公的年金等控除額を差し引いて計算しますが、実務的には次の表で求めます。

（令和２年分　公的年金等に係る雑所得の速算表）

受給者の区分	公的年金等の収入金額（A）＼公的年金等に係る雑所得以外の所得に係る合計所得金額	1,000万円以下	1,000万円超 2,000万円以下	2,000万円超
年齢65歳以上の人	330万円以下	110万円	100万円	90万円
年齢65歳以上の人	330万円超　410万円以下	（A）×25%＋ 27万5,000円	（A）×25%＋ 17万5,000円	（A）×25%＋ 7万5,000円
年齢65歳以上の人	410万円超　770万円以下	（A）×15%＋ 68万5,000円	（A）×15%＋ 58万5,000円	（A）×15%＋ 48万5,000円
年齢65歳以上の人	770万円超　1,000万円以下	（A）×5%＋ 145万5,000円	（A）×5%＋ 135万5,000円	（A）×5%＋ 125万5,000円
年齢65歳以上の人	1,000万円超	195万5,000円	185万5,000円	175万5,000円

受給者の区分		公的年金等に係る雑所得以外の所得に係る合計所得金額 公的年金等の収入金額（A）	1,000万円以下	1,000万円超 2,000万円以下	2,000万円超
受給者の区分	年齢65歳未満の人	130万円以下	60万円	50万円	40万円
		130万円超　410万円以下	（A）×25％＋ 27万5,000円	（A）×25％＋ 17万5,000円	（A）×25％＋ ７万5,000円
		410万円超　770万円以下	（A）×15％＋ 68万5,000円	（A）×15％＋ 58万5,000円	（A）×15％＋ 48万5,000円
		770万円超　1,000万円以下	（A）×５％＋ 145万5,000円	（A）×５％＋ 135万5,000円	（A）×５％＋ 125万5,000円
		1,000万円超	195万5,000円	185万5,000円	175万5,000円

（注）１　受給者の年齢が65歳未満であるかどうかの判定は、その年の12月31日における年齢により判定することとされています（措法41の15の３④）。

２　ここにいう「公的年金等に係る雑所得以外の所得に係る合計所得金額」とは、公的年金等の収入金額がないものとして計算した場合における合計所得金額をいいます。

9　農業者年金の停止を事由に受領する補償金

問　私は、農地を長男に使用貸借し、経営移譲しましたので、農業者年金基金法に基づく経営移譲年金を受給してきました。この度、A会社にこの農地を譲渡したことから、経営移譲年金は支給が停止となりましたが、A会社からはその補償金を譲渡代金とは別に一括して受領しました。この補償金は課税上、どのような取扱いになりますか。

〔回答〕　独立行政法人農業者年金基金法に基づく経営移譲年金の支給が停止されることの補償として一括して受領する年金相当額は、それが実質的な譲渡の対価でない限り、「一時所得」として取り扱われます。

〔解説〕　独立行政法人農業者年金基金法の規定に基づく年金等は、「公的年金等の雑所得」とされています（所法35③一、31一）。

ご質問の補償金は経営移譲年金の支給が停止されることによる補償として受領したものであっても、所得税法第35条第3項に規定する公的年金等そのものではないので、「公的年金等の雑所得」にはなりません。対価性もなく一括受領していることから、「一時所得」として取り扱われます。

なお、一括受領ではなく、毎年継続的に支払われるような場合には、「公的年金等以外の雑所得」となります。

10　山林の伐採・譲渡による所得

問　裏山に松茸が自生し、これを採取して毎年10万円ほどの所得がありましたが､今年この裏山の松林を伐採して売却することになりました。

松茸と松林の売却による所得は、どのように取り扱えばよいのでしょうか。

〔回答〕　松茸の売却による所得は「雑所得」に、また、松林の伐採・譲渡による所得は「山林所得」になります。

〔解説〕　松茸を採取して販売することが、その規模や収益の状況その他の事情から総合的に見て「事業」に該当すると認められる場合には、松茸の販売による所得は「事業所得」になります。しかし、ご質問の場合は、規模が小さく収益もわずかですから、「事業」から生ずる所得とは認められず、さらにその継続性や対価性からみて一時所得にも該当しないので、「雑所得」に区分されることになります（所法35①）。

また、松林などの山林を伐採して譲渡することによる所得は、原則として「山林所得」になります。しかし、山林を取得した日から５年以内に譲渡したことによる所得は、「山林所得」に含まれません。この場合には、例えば相当の規模で毎年輪伐しているなど事業として山林の伐採譲渡が行われていると認められるものは「事業所得」に、そうでないものは「雑所得」にそれぞれ区分されることになります。ご質問の場合、その保有期間が５年を超えているとすれば、山林を伐採したことによる所得は、「山林所得」になります（所法32）。

11　農地等高度利用促進事業に基づく奨励金

問　私は、農地を農地等高度利用促進事業に基づき提供したところ、町から農地流動化奨励金をもらいました。

この奨励金は課税上どのように取り扱えばよいのでしょうか。

〔回答〕　農地流動化奨励金は、「不動産所得」の収入金額となります。

〔解説〕　農地流動化奨励金は、農地の貸付けに伴い支給されるものですので、「不動産所得」の金額の計算上総収入金額に算入することになります（附随収入）。

ご質問の場合、農地流動化奨励金は、受けるべき日の属する年分の「不動産所得」の総収入金額に算入することになります。

12　金銭の貸付けによる所得

問　親戚のＡから長女の結婚資金を一時融通するよう依頼されて用立てたところ、その融通した金銭の返済を受けるに当たりＡから10万円の謝礼金を受け取りました。

　これらの謝礼金は、課税上どのように取り扱えばよいのでしょうか。

〔回答〕　金銭の貸付けによる所得は、「事業所得」又は「雑所得」に該当します。

〔解説〕　金銭の貸付けにより支払を受ける利子は、預貯金の利子ではないので「利子所得」には該当しません。このような金銭の貸付けによる利子は、その貸付口数、貸付金額、利率、貸付の相手方、担保権の設定の有無、貸付資金の調達方法、貸付けのための広告宣伝の状況などからみて事業（貸金業）から生ずると認められるものは「事業所得」とされ、そうでないものは「雑所得」とされます（所基通27―６、35―２⑹）。

　しかし、事業の遂行上取引先や使用人に対してなされたものであるときは、その貸付金の利子は「事業所得」（付随収入）に該当することとされています（所基通27―５⑴）。

　ご質問の場合には、農業の取引先や使用人に対してなされた貸付けではないので、Ａからの謝礼金10万円は「雑所得」の収入金額に該当することになります。

13　農地を毎年切り売りした場合の所得

問　農地を毎年住宅用地として切り売りした場合の所得は、どのように取り扱えばよいのでしょうか。

〔**回答**〕　農地の譲渡を継続的に行った場合でも、一般的には「譲渡所得」となりますが、「事業所得」又は「雑所得」として課税される場合もあります。

〔**解説**〕　農地の譲渡による所得は、一般的には分離課税の「譲渡所得」となりますが、相当の期間にわたり継続して譲渡することによる所得は、原則として、「事業所得」又は「雑所得」となり、総合課税の対象となります（所基通33―3）。

しかし、「事業所得」又は「雑所得」になる場合で、所有期間が5年以下の土地等の譲渡による所得については、分離課税により課税されます（措法28の4①）。

ただし、平成10年1月1日から令和5年3月31日までの間の土地等の譲渡については、この措置は適用されないこととなっています（措法28の4⑥）。

また、極めて長期間（おおむね10年以上）引き続き所有していた土地等（販売の目的で取得したものを除きます。）の譲渡による所得は、「譲渡所得」となります（所基通33―3）。

ご質問の場合のように、毎年住宅用地として農地を売却した場合には、その所有期間にもよりますが、「事業所得」又は「雑所得」として、平成10年1月1日から令和5年3月31日までの間の土地等の譲渡については総合課税の対象となるものと考えられます。

14　移転等の支出に充てるための交付金

問　農業用倉庫を市の収用のため移築しました。移築費用は、50万円かかりましたが、市からの交付金65万円で支払いました。
　この場合、どのように処理すればよいのでしょうか。

〔回答〕　移転等の支出に充てるための交付金は、原則として収入金額に計上しません。

〔解説〕　国、都道府県、市町村から、その行政目的の遂行のために必要な資産の移転等の費用に充てるため補助金の交付を受けたり、あるいは収用などのやむを得ない理由による資産の移転等の費用に充てるため交付金の交付を受けた場合には、その交付目的にしたがって資産の移転等の費用に充てたときに限り、その費用に充てた金額は収入金額に計上しない（収入金額不算入）こととされています（所法44）。

　したがって、ご質問の場合は、市からの交付金65万円のうち移築費用に充てた50万円に相当する部分は収入金額に計上されません。なお、残りの部分15万円は「一時所得」の収入金額となります。

15　新規就農業者に対する実習教育資金

問　私は、サラリーマンを辞めて、農業を始めようと考えております。私の市では、農業の経験のない者で新たに農業経営を開始しようとする人に、農業の実習教育に要する資金が貸与（月額10万円）されることになっています。なお、研修期間中は特に費用はかかりませんので、この資金は自由に使うことができます。

この資金は、研修修了後、引き続き５年間農業に従事した場合には、返済が免除されることになっています。

この資金の返済が免除された場合には、どのように取り扱えばよいのでしょうか。

〔回答〕　免除が確定した日の属する年分の「一時所得」となります。

〔解説〕　実習教育資金の免除益は、事業（農業）所得の収入金額又は必要経費の補填とも考えられませんので、事業（農業）所得とはなりません。

したがって、実習教育資金の免除相当額は、営利を目的とする継続的行為から生じた所得以外の一時の所得で、労務その他の役務又は資産の譲渡の対価としての性質を有しないものと考えられますので、「一時所得」に該当することとなり（所法34①）、返還を要しないことが確定した日（返還免除の通知を受けた日）の属する年分の収入金額に算入することになります。

16　庭園用立木の譲渡

問　私は、家の庭の一隅にある「檜木」を１本50万円で造園業者に売却しました。

この所得も事業（農業）所得として申告するのですか。

〔回答〕　庭園用立木の譲渡による所得は「譲渡所得」となりますので、事業（農業）所得の金額の計算上、収入金額に計上する必要はありません。

〔解説〕　一般に立木の譲渡による所得は、事業（農業）所得ではなく「山林所得」とされています。

しかし、庭園用立木のように観賞用などの用途に使用するものは、「山林」に該当しません。

また、ご質問の場合は、立木を継続的に譲渡したものではなく、たまたま１本だけ譲渡したようですので、庭木の譲渡による所得は、「譲渡所得」の収入金額となります。したがって、事業（農業）所得の収入金額に含める必要はありません。

第4章　所得計算の特例

1　肉用牛を売却した場合の課税の特例

問　肉用牛を売却した場合の課税の特例について説明してください。

〔**回答**〕　一定の要件を満たしている肉用牛の売却については、事業（農業）所得の課税の特例が受けられます。

〔**解説**〕　農業を営む個人が、令和5年までの各年において、その飼育した肉用牛を次により売却した場合には、売却により生じた農業所得に対する所得税が免除されます（措法25）。

①　飼育した肉用牛（子牛の生産の用に供されたことのない乳牛の雌を含み、種雄牛及び牛の胎児を除きます。以下同じです。）を家畜取引法に規定する家畜市場、中央卸売市場など特定の市場において売却した場合
②　特定の農業協同組合等に委託してその個人が飼育した生産後1年未満の肉用牛を売却した場合

1　免税対象飼育牛の範囲

免税の対象となる肉用牛は、次の肉用牛に限られます。

①　売却価額が次の要件を満たす肉用牛
イ　乳用種の場合：売却価額が50万円未満

ロ　交雑種の場合：売却価額が80万円未満

ハ　肉専用種の場合：売却価額が100万円未満

②　家畜改良増殖法に基づく高等登録等がされている肉用牛

（注）１　①の売却価額とは、消費税相当額を上乗せする前の売却価額をいい、価額安定基金などから生産者補給金や生産奨励金など実質的に売却価額を補てんすると認められるものの交付を受けている場合は、その金額を加算したものをいいます。

２　②の登録とは、次に掲げる登録をいいます。

イ　社団法人全国和牛登録協会の登録規程に基づく高等登録及び育種登録

ロ　社団法人日本あか牛登録協会の登録規程に基づく高等登録

ハ　社団法人日本短角種登録協会の登録規程に基づく高等登録

ニ　社団法人北海道酪農畜産協会のアンガス・ヘレフォード種登録規程に基づく高等登録

2　免税額等の計算方法

免税額等の計算は、次により行うこととされています。

①　売却した肉用牛がすべて免税対象飼育牛であり、その売却した頭数の合計が1,500頭以内である場合

その売却により生じた農業所得に対する所得税が免除されます（措法25①）。

②　売却した肉用牛に免税対象飼育牛に該当しないものが含まれている場合（売却した肉用牛のすべてが免税対象飼育牛に該当しない場合及び売却した免税対象飼育牛に該当する肉用牛の頭数の合計が1,500頭を超える場合のその超える部分も含みます。）

次のいずれかの方法によることになります（措法25②）。

イ　すべての飼育牛の売却による所得（免税対象飼育牛も含まれます。）に基づく通常の総合課税

ロ　その売却をした日の属する年分の総所得金額に係る所得税の額を次の(イ)と(ロ)の金額の合計額とする

(イ)　免税対象飼育牛に該当しない肉用牛の売却価額及び免税対象飼育牛に該当する肉用牛の頭数の合計が1,500頭を超える場合のその超える部分の免税対象飼育牛の売却価額（消費税相当額を含みます。）の合計額の５％相当額

(ロ)　肉用牛の売却に係る所得がないものとした場合の総所得金額に係る通常の所得税の金額

3　適用を受けるための手続

この特例の適用を受けるためには、

①確定申告書第二表の「特例適用条文等」欄に「措法第25条」と記入し、

②「肉用牛の売却による所得の税額計算書」及び「肉用牛売却証明書」（様式21）（生後１年未満の場合は「肉用子牛売却証明書」（様式22））を添付

※　肉用牛の売却による所得の税額計算書は売却した肉用牛に免税対象飼育中に該当しないものが含まれている場合（措法25②）のみ必要です。

しなければなりません（措法25④、措規９の５）。

2　肉用牛の売却による課税の特例を受ける「農業を営む個人」

問　私は、牧草地を耕作して肉用牛の飼育を行っています。水稲や野菜は、ほんの少ししか栽培しておりませんが、肉用牛の売却による農業所得の課税の特例の適用を受けることができる「農業を営む個人」といえるのでしょうか。

〔回答〕　適用を受けることができます。

〔解説〕　農業所得の課税の特例は「農業を営む個人」を対象にしています。この場合の「農業」とは、次の事業が該当します（所令12）。

第1号　米、麦その他の穀物、馬鈴しょ、甘しょ、たばこ、野菜、花、種苗その他のほ場作物、果樹、樹園の生産物又は温室その他特殊施設を用いてする園芸作物の栽培を行う事業
第2号　繭又は蚕種の生産を行う事業

なお、この特例を適用する場合において、上記「農業を営む個人」の範囲については、農業所得に占める肉用牛の所得の割合の多寡により制限することなく、また第1号の「その他のほ場作物」には栽培する牧草も含まれるものとして取り扱われています（昭56直所5－6）。

したがって、ご質問の場合、牧草の栽培から生ずる所得があり、「農業を営む個人」に該当すると考えられますので、課税の特例の適用を受けることができます。

3　肉用牛の免税に係る所得の必要経費と免税以外の所得に係る必要経費との区分

問　私は田畑を耕作する農家ですが、乳牛を飼育して生乳の生産を始めようと思っています。生乳の生産に付随して産まれる子牛は肥育し肉用牛として売却するつもりです。肉用牛として売却した牛に係る所得は免税の対象になると聞きましたが、必要経費の計算はどのようにすればよいのでしょうか。

〔回答〕　免税の対象となる所得は、一定の要件に該当する肉用牛の売却により生じた所得です。したがって、必要経費は肉用牛の売却にかかるものとそれ以外とに区分する必要があります。

〔解説〕　ご質問のように肉用牛の売却により生じた所得以外に事業（農業）所得がある場合には、全体の必要経費のうち肉用牛の売却により生じた所得（免税所得）に係る必要経費とそれ以外の所得（免税所得以外の所得）に係る必要経費とに区分し、それぞれの所得金額を計算する必要が生じます。

必要経費の個々の項目ごとに区分計算することになりますが、区分が明らかでない場合には、収入金額、飼養頭数、飼養日数など合理的な基準によって適切に按分することになります。

肉用牛として売却した牛に係る必要経費としては、主に次のような項目が考えられます。

①種付料　②飼料代　③畜舎等の公租公課　④畜舎等の減価償却費　⑤農機具費　⑥衛生光熱費　⑦敷料費　⑧人件費（青色専従者給与を含みます。）

4　家畜商に売却した肉用牛

問　家畜商に売却した肉用牛は免税の対象になるのでしょうか。

〔回答〕　家畜商に売却した肉用牛は免税の対象となりません。

〔解説〕　いわゆる仲買人である家畜商に売却したものについては、買主である家畜商が特定の市場でこれを売却した場合でも、「農業を営む個人が家畜市場、中央卸売市場、その他特定市場において行う売却」という要件に該当しません（措法25①）ので、免税の適用はありません。

5　変動所得の平均課税

問　私の地方は野菜の作付けが盛んですが、天候の順調な年は、いわゆる豊作貧乏となり、出荷経費すら賄うことができませんので収穫しないままトラクターで潰してしまうこともあります。

しかし、他の産地が災害などに遭うと私の地方の野菜の価格は大暴騰し、多額の収入を得ることになります。

このようなことは数年に１～２度しかありませんが、この場合の所得については、変動所得として平均課税を受けることができませんか。

〔回答〕　野菜の売却による所得は変動所得の範囲に含まれていませんので、平均課税を受けることはできません。

〔解説〕　平均課税（所法90）の適用を受けることのできる変動所得（所法2①二十三、所令7の2）は、次の所得に限られています。

(1)「漁獲」や「のり」の採取から生ずる所得
(2)「はまち」、「まだい」、「ひらめ」、「かき」、「うなぎ」、「ほたて貝」、「真珠（真珠貝を含みます。）」の養殖から生ずる所得
(3) 原稿や作曲の報酬による所得
(4) 著作権の使用料による所得

したがって、野菜の作付けによる農業所得は変動所得の範囲に含まれていませんので、変動所得の平均課税の適用を受けることはできません。

第5章　青色申告

1　青色申告とは

問　青色申告について説明してください。

〔回答〕　青色申告とは、所定の帳簿を備え付けて日々の取引を記録し、それに基づいて所得を計算して申告することにより種々の特典を受けることができる仕組みです。

〔解説〕　所得税は、納税者が自分で所得を計算して申告し納税するという「申告納税制度」を採っています。この申告納税制度が円滑に運営されていくためには、自分でその所得を正確に計算できる納税者が一人でも多くなることが望ましいのです。

そこで、法律によって定められた内容の帳簿を備え付けて日々の取引を正確に記録し、その帳簿に基づいて自己の所得と税額を正しく計算する人は、青色申告として種々の特典（次々問3）が与えられています。

記帳することにより経営の内容が正確に把握でき経営の合理化に役立ちますし、種々の特典を利用することにより節税ができますから、ぜひ青色申告をされるようおすすめします。

2　青色申告をするための手続

問　青色申告をするには、どのような手続が必要ですか。

〔回答〕　原則として青色申告をしようとする年の3月15日までに「青色申告承認申請書」を納税地の所轄税務署長に提出します。

〔解説〕　青色申告書による申告をするためには、青色申告書を提出しようとする年の3月15日まで（その年の1月16日以後、新たに業務を開始した場合は、その業務を開始した日から2か月以内）に、その業務にかかる所得の種類その他次の事項を記入した「青色申告承認申請書」（資料1）を納税地の所轄税務署長に提出して、税務署長の承認を受けなければなりません（所法144、所規55）。

⑴　申請者の氏名及び住所並びに住所地と納税地が違うときはその納税地
⑵　申請書を提出した後最初に青色申告書を提出しようとする年
⑶　青色申告書の提出について承認を取り消されたり、取り止めの届け出をしたりした後再びその申請書を提出しようとするときは、その取り消しの処分の通知を受けた日や、取り止めの届出書を提出した日
⑷　その年の1月16日以後新たに業務を開始した場合は、その開始した年月日
⑸　その他参考となるべき事項

なお、青色申告をしようとするときは、その年の1月1日（年の中途で

新たに業務を開始した場合は、その開始の日）において、棚卸資産の棚卸しをするとともに、法定の帳簿を備え付けて記録しなければなりません（所規56、60②）。

◎　令和２年分から青色申告をするには、原則として、令和２年３月16日（令和２年３月15日は、日曜日であるため）までに「青色申告承認申請書」を提出しなければなりません。

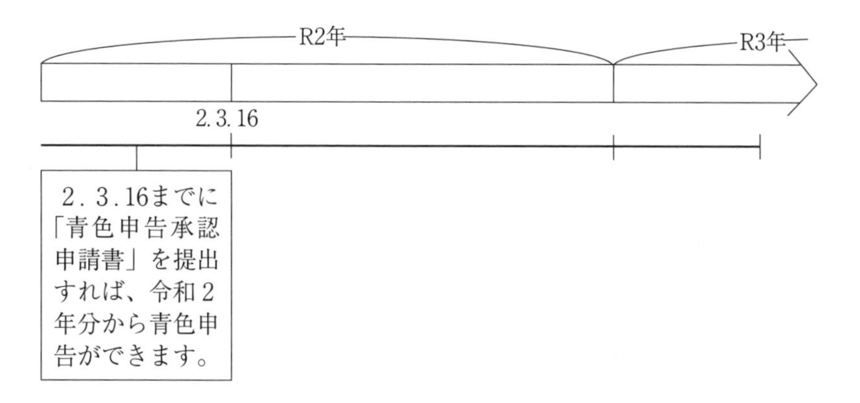

3　青色申告の特典

問　青色申告をするといろいろな特典が受けられると聞きましたが、農業所得の計算上、どんな特典があるのでしょうか。

〔回答〕　青色事業専従者給与の必要経費算入、青色申告特別控除、貸倒引当金の設定、純損失の繰越控除・繰戻しによる還付等、所得税の所得計算上有利な特典があります。

〔解説〕　青色申告をしている人には、所得税において有利な特典がいろいろありますが、農業所得者に関係があると思われるもののうち主なものは次のとおりです。

1　青色申告特別控除

①　事業所得や不動産所得を生ずべき事業を営んでいる青色申告をしている方で、「正規の簿記」（参考1）の原則により記帳している方については、その記帳に基づいて作成した貸借対照表及び損益計算書を確定申告書に添付し、確定申告書をその提出期限までに提出する場合は、青色申告特別控除として、一定の要件の下で事業所得等の金額から最高55万円を差し引くことができます。

②　上記①の方のうち、e-Taxによる申告（電子申告）又は「電子帳簿保存」（参考2）を行っている方は、青色申告特別控除として、一定の要件の下で事業所得等の金額から最高65万円を差し引くことができます。

③　上記①及び②以外の方で青色申告の方は、正規の簿記の原則による記帳ではなく、簡易な帳簿による記帳であっても、青色申告特別控除として、一定の要件の下で事業所得等の金額から最高10万円を差し引

くことができます。

(参考1)「正規の簿記」とは

青色申告者は、「資産、負債及び資本に影響を及ぼす一切の取引を正規の簿記の原則に従い、整然と、かつ、明瞭に記録し、その記録に基づき、貸借対照表及び損益計算書を作成しなければならない。」と記帳方法が規定されています。「正規の簿記」とは、損益計算書と貸借対照表が導き出せる組織的な簿記の方式をいい、一般的には複式簿記をいいます。

ただし、簡易帳簿を利用した正規の簿記の方法もあります。すなわち、日々の継続的な記録及び棚卸資産の棚卸しやその他の決算整理を行うことにより、貸借対照表と損益計算書を作成できる程度の組織的な簿記も「正規の簿記」に該当すると考えられますので、簡易帳簿では記帳されない預金・手形・元入金・その他の債権債務について、新たに「債権債務等記入帳」等を備え付けて、全ての取引を整然と記録することによっても、正規の簿記の原則に従った記帳ができます。

(参考2)「電子帳簿保存」とは

納税者の方の事務負担やコストの軽減などを図るため、各税法で保存が義務づけられている帳簿書類については、一定の要件の下で、コンピュータ作成の帳簿書類を紙に出力することなく、ハードディスクなどに記録した電子データのままで保存できる制度があります(電子帳簿等保存制度)。

(注)　この制度の適用を受けるに当たり、帳簿については備付けを開始する日(原則として課税期間の途中から適用することはできません。)、書類については保存を開始する日のそれぞれ3ケ月前の日までに承認申請書を所轄税務署長に提出する必要があります。

なお、新たに業務を開始した個人事業主については、その業務の開始の日以後２ケ月を経過する日まで、承認申請書の提出を行うことができます。

※　令和２年分に限っては、令和２年９月30日までに承認申請書を提出し、同年中に承認を受けて、同年12月31日までの間に、仕訳帳及び総勘定元帳の電磁的記録による備付け及び保存を行うことで、65万円控除を受けることができます。

2　青色事業専従者給与の必要経費算入（所法57）

家族従業員に対して支払った給与は、労務に従事した期間、労務の性質及びその提供の程度、農業の規模その他の状況に照らして、労務の対価として相当な範囲内で必要経費算入することができます。

3　貸倒引当金の設定（所法52）

農業に関して生じた売掛金、貸付金などの貸金の貸し倒れによる損失の見込額として一定の金額を貸倒引当勘定に繰り入れたときは、その繰入額は必要経費となります。

なお、当該繰入額は、その翌年分の農業所得の金額の計算上総収入金額に算入しなければなりません。

4　純損失の繰越控除・繰戻しによる還付（所法70①、140、141）

純損失が生じた場合には、その損失額を翌年以降３年間にわたって繰越して各年分の所得金額から控除するか、又は前年分に繰戻して前年分の所得税の還付を受けることができます。

5　中小事業者が機械等を取得した場合の特別償却等（措法10の３）

一定の要件を満たした特定機械装置等を取得（又は製作）して、農業の用に供した場合は、その特定機械装置等について計算される通常の償却費のほか、その基準取得価額の30％相当額以下の額を必要経費として算入すること等ができます（措法10の３①、措令５の５、措規５の８）。

6　農業経営基盤強化準備金の必要経費算入（措法24の２）

7　認定計画等の定めるところにより取得した農用地等に係る必要経費算入（措法24の３）

4　青色申告の承認

問　青色申告承認申請書を税務署長に提出しましたが、何の通知もありません。青色申告は承認されたのでしょうか、却下されたのでしょうか。

〔回答〕　青色申告をしようとする年の12月31日までに、この承認又は却下の通知がないときは、青色申告の承認があったものとみなされます。

〔解説〕　「青色申告承認申請書」が提出された場合には、税務署長はその申請に対し、承認又は却下の処分をし、その申請書の提出者に、それぞれ承認又は却下の通知を書面により行うことになっていますが（所法146）、青色申告をしようとする年の12月31日（その年の11月1日以後新たに業務を開始した場合は、その翌年の2月15日）までにこの承認又は却下の通知がないときは、自動的に青色申告の承認があったものとみなされることになっています（みなし承認）（所法147）。

5　青色申告に必要な備え付け帳簿

問　青色申告者はどんな帳簿を備え付け、どんな記帳が必要になるのでしょうか。

〔**回答**〕「正規の簿記」による記帳のほか、「簡易簿記」による記帳も認められています。

〔**解説**〕青色申告者は、帳簿を備え付けその事業に関する一切の取引を正確に記録しておかなければなりませんが、備え付ける帳簿は、「正規の簿記」（P207参照）による場合のほか、次のようなものがあります（所規56）。

1　簡易簿記で記帳する場合

簡易簿記で記帳する場合に備え付ける帳簿は次のようなものです。

①　現金出納帳
②　売掛帳
③　買掛帳
④　経費帳
⑤　固定資産台帳

2　現金式簡易簿記で記帳できる場合（所法67、所令195～197）

青色申告者のうち、次の要件に該当する人で、その選択により現金主義による所得計算の特例を受ける旨の届け出（「現金主義による所得計算の特例を受けることの届出書」（資料4。提出期限は、その年の3月15日））をした人（下記②の場合は税務署長の承認を受けた人）は、現金収支を中心とした「現金式簡易帳簿」1冊を記帳すればよいことになっています。

① その年の前々年分の不動産所得の金額及び事業所得の金額（青色専従者給与の額又は白色の事業専従者控除額を控除する前の金額）の合計額が300万円以下であること。

② かつて現金主義の方法によって記帳していたことがあり、かつ、その後現金主義の方法によらなかった人が、再び現金主義の方法によって記帳しようとする場合には、そのことについて税務署長の承認（「再び現金主義による所得計算の特例の適用を受けることの承認申請書」をその年の１月31日までに提出）を受けること。

なお、青色申告の帳簿組織及び様式については、特に規定はありませんから、これらの方法について財務省令の定める記載事項を満たしている限り、経営内容等の実情に即するものを使用して差し支えないことになっています。

6　青色申告の帳簿の保存年限

問　青色申告の帳簿書類の保存年限について、説明してください。

〔**回答**〕　青色申告の帳簿書類は原則として7年間保存することとされています。

〔**解説**〕　青色申告にかかる次に掲げる帳簿書類は7年間保存することになっており、それ以外の帳簿書類は5年間保存することになっています（所148、所規63）。

(1)　帳簿（現金出納帳、固定資産台帳、売掛帳、買掛帳、経費帳等）
(2)　決算関係書類（損益計算書、貸借対照表、棚卸表等）
(3)　現金、預金取引等関係書類（領収書、小切手控、預金通帳、借用証等）

7　青色申告の取り止めの手続

> **問**　青色申告を取り止めたいと思っていますが、取り止める場合の手続を教えてください。

〔回答〕　取り止めの届け出が必要です。

〔解説〕　青色申告者が青色申告を止めようとするときは、青色申告を止めようとする年の翌年3月15日までに、次の事項を記載した届出書（これを「所得税の青色申告の取り止め届出書」といいます）を納税地の所轄税務署長に提出しなければなりません（所法151、所規66）。

> (1)　青色申告を止めようとする年
> (2)　氏名及び住所（国内に住所がないときは居所）並びに住所地（国内に住所がないときは居所地）と納税地とが異なる場合はその納税地
> (3)　青色申告書の提出の承認を受けた日又はみなし承認された日
> (4)　青色申告書の提出を止めようとする理由
> (5)　その他参考事項

なお、この青色申告の取り止めの後に、再び青色申告をしようとするときは、改めて青色申告の承認申請をして、承認を受けなければなりませんが、その取り止めの届け出をした日以後1年以内になされた承認申請については、税務署長はその申請を却下することができることになっています（所法145①三）。

8　現金主義による記帳を取り止める場合の手続

問　現金主義による記帳をしてきましたが、前々年の所得金額が300万円を超えることになったため、発生主義による記帳に切り替えなければなりません。

この場合、現金主義による記帳の取り止めの届け出が必要でしょうか。

〔回答〕　取り止めの届け出は必要ありません。

〔解説〕　現金主義による所得計算の特例の適用を受けていた人が、小規模事業者の要件に該当しなくなった場合には、特別の手続を必要としないで現金主義から発生主義に切り替えることになります。

したがって、現金主義による所得計算の特例を受けることの取り止めの届け出をする必要はありません。

なお、現金主義による所得計算の特例の適用を受けていた人が発生主義による所得計算の方法に切り替わったときは、次に掲げる算式により計算した金額を、その切り替わった年の不動産所得の金額又は事業所得の金額の計算上、それぞれ総収入金額又は必要経費に算入して調整することとされています（所規40一）。

発生主義に切り替えた年の収入金額又は必要経費に算入して調整する金額	＝	（現金主義による所得計算の適用を受けることとなった年の前年12月31日現在の売掛金等の額）	－	（発生主義による所得計算に切り替えた年の1月1日現在の売掛金等の額）

（注）　売掛金等の額とは、売掛金、買掛金、未払収益、前受収益、前払費用、未払費用その他これらに類する資産負債並びに棚卸資産の額をいいます。

また、現金主義による所得計算の適用を受けることとなった年の前年の12月31日における引当金、準備金の額は、発生主義による所得計算に切り替えた年の前年から繰り越されたこれらの引当金、準備金の額とみなされます（所規40二）。

（例示）

	平成30年	令和１年	令和２年
所得金額	350万円	360万円	370万円
計算方法	現金主義	現金主義	発生主義

（注）　平成28年分及び29年分の所得金額は、300万円を下回っている例です。

9　農業を営む青色申告者の取引に関する記載事項の特例（農産物の収穫）

問　農産物を収穫した場合、記帳方法はどのようにすればよいのでしょうか。何か簡単に記帳する方法があったら教えてください。

〔回答〕　収穫時の記載は数量のみを記載しておきます。

〔解説〕　農業を営む青色申告者が備え付ける帳簿の記載事項については、所得税法施行規則第58条による昭和42年大蔵省告示第112号の別表第一の「農業の部」の各欄に、また、棚卸資産の整理記録については所得税法施行規則第60条に、それぞれ定められています。

しかし、記帳に慣れていない農業所得者については、①農産物の収入金額の計算が難しい、②未成育の牛馬等の育成に要した費用等の年末整理等が大変であるなど農業特有の問題があることから、これらの記帳を簡略化する措置が設けられています（平18課個５―３）。

この簡略化された記載事項は次のようになります。

区分／記載事項	米麦等の穀類	生鮮野菜等	その他の農産物
収穫時の記載	数量のみを記載し金額の記載は省略	記載しない	記載しない
販売時の記載	数量、単価、金額を記載する	原則として左に準ずるが、数量、単価が不明の場合は、省略する	
棚卸時の記載	数量、単価、金額を記載する	記載しない	数量、単価、金額について記載するが、きん少なものは省略する

10　農業を営む青色申告者の取引に関する記載事項の特例（自家消費）

問　果樹栽培を営んでいる青色申告者ですが、自家消費をその都度記帳するのは大変ですので、何かよい記帳方法はないのでしょうか。

〔回答〕　年末に一括して記帳することができます。

〔解説〕　農産物などを家事用や贈与、事業（農業）用に消費した場合には、その時の通常の販売価額で記帳するのが原則ですが、収穫価額で記帳している場合はその金額でもよいことになっています。

しかし、農産物の自家消費等については、その記帳が煩雑なこと、また、金額の見積りが難しいため、年末において一括して記帳することが認められています（平18課個５—３）。

なお、農産物の種類ごとに記載方法を示すと次のようになります。

<table>
<tr><th>区分</th><th>米麦等の穀類</th><th>生鮮野菜等</th><th>その他の農産物</th></tr>
<tr><td rowspan="2">家事消費等の記載</td><td>年末に一括して数量、単価、金額を記載する</td><td>年末に一括して金額のみを記載する</td><td>年末に一括して数量、単価、金額を記載する</td></tr>
<tr><td colspan="3">金額は、収穫年次の異なるごとに収穫時の価額の平均額又は販売価額の平均額によって計算することができる</td></tr>
</table>

（注）１　「生鮮野菜等」とは、すべての野菜類及び果実等のうち収穫時から販売又は消費等が終了するまでの期間が比較的短いものをいいます。

２　「その他の農産物」とは、「米麦等の穀類」及び「生鮮野菜等」以外のもので果実のうち収穫時から販売又は消費等が終了するまでの期間が長いもの及びいも類などの農産物をいいます。

11　新たに生ずることとなった不動産所得についての青色申告の承認申請

問　従前から農業所得について青色申告をしていますが、今年の中途から不動産所得が生ずることになります。

不動産所得についても青色申告の申請が必要となるのでしょうか。

〔回答〕　既に青色申告者であるので、不動産所得についての青色申告の申請は不要です。

〔解説〕　青色申告の承認は、事業（農業）所得、不動産所得又は山林所得を生ずべき業務を行う人について与えられ、この承認を受けている人は、事業所得、不動産所得及び山林所得の全部について記帳しなければなりません（所法143、148①）。

したがって、既に農業所得について青色申告の承認を受けている人が、新たに不動産所得を生ずることとなった場合は、その不動産所得についても記帳しなければならないこととなります。

しかしながら、既に青色申告者であるので、不動産所得について、新たに「青色申告承認申請書」を提出する必要はありません。

12　青色事業専従者とは

問　「青色事業専従者」について説明してください。

〔**回答**〕　一定の要件に該当する配偶者その他の親族は、「青色事業専従者」とすることができます。

〔**解説**〕「青色事業専従者」とは、次の要件のすべてに該当する人をいいます（所法57①、所令165）。

(1)　青色申告の承認を受けている者と生計を一にする配偶者その他の親族であること。
(2)　その年12月31日（死亡したときは死亡の時）において年齢15歳以上の者であること。
(3)　その年を通じ原則として6か月を超える期間、青色申告の承認を受けている者の営む事業に「専ら従事する者」であること。

ただし、年の中途における開業、廃業、休業又は納税者の死亡、季節営業等の理由によりその年中を通じて事業が営まれなかった場合や事業に従事する者の死亡、長期にわたる病気、婚姻、その他相当の理由により、その年中を通じて事業に従事できない場合には、その従事できると認められる期間を通じて、その期間の2分の1を超える期間その事業に専ら従事する者であればよいことになっています（所令165①）。

13　青色事業専従者が年の中途で結婚した場合

問　青色事業専従者である娘が結婚して専従者でなくなった場合、その結婚前の期間に係る専従者給与は必要経費となりますか。他に所得がない場合は結婚した夫の配偶者控除の対象になりますか。

〔回答〕　結婚前の期間に係る専従者給与は事業（農業）所得の必要経費になります。

〔解説〕　青色事業専従者に該当するかどうかは、前問で説明したとおりですが、年の中途で結婚した娘さんの青色事業専従者給与については、結婚前の期間の２分の１以上専らその事業に従事していたものであるときは、事業専従者であった期間について支払った額は必要経費に算入できます。

また、事業専従者については配偶者控除の対象となる「同一生計配偶者」（所法２①三十三）とはされないことになっていますが、この場合の専従者とは、事業を営む者の配偶者その他の親族がその事業を営む人の「同一生計配偶者」に該当するかどうかを判定する場合において、その配偶者その他の親族がその事業に従事していたことにより青色事業専従者として給与の支払を受けていたもの又は白色事業専従者に該当するものをいうものとされています（所基通２―48、２―48の２参照）。

したがって、ご質問の場合には、娘さんの青色専従者給与の額が103万円以下であれば、その結婚した夫において配偶者控除は受けられます。

14　青色事業専従者給与の届け出

問　青色事業専従者給与の届け出方法について説明してください。
　また、毎年一定の昇給を予定しているのですが、その届け出はどうしたらよいのでしょうか。

〔回答〕　青色事業専従者給与を必要経費に算入するためには、原則として、その年の３月15日までに青色事業専従者給与の届け出をします。

〔解説〕　青色申告者が、青色事業専従者給与を必要経費に算入するためには、その適用を受けようとする年の３月15日（その年１月16日以後に開業した場合や新たに青色事業専従者がいることとなった場合には、その開業した日や専従者がいることとなった日から２か月以内）までに、次の事項を記載した届出書（これを「青色事業専従者給与に関する届出書」（資料３）といいます。）を納税地の所轄税務署長へ提出しなければなりません（所法57②、所規36の４①③）。

①　その届出書を提出する者の氏名及び住所並びに住所地と納税地が違うときはその納税地
②　青色事業専従者の氏名
③　青色事業専従者の続柄及び年齢
④　青色事業専従者の職務の内容
⑤　青色事業専従者の給与の金額及びその給与の支給期
⑥　青色事業専従者が他の業務に従事している場合や就学している場合には、その事実
⑦　その事業に従事する他の使用人に支払う給与の金額、その支給方

法及び形態

⑧　昇給の基準その他参考となるべき事項

また、毎年一定の昇給を予定している場合には、その昇給の範囲が届け出た昇給の基準にそってなされているときは、改めて届出書を提出する必要はありません。

しかし、給与の支給基準を変更する場合は、遅滞なく「変更届出書」を提出しなければなりません（所規36の４②）。

15　老齢の父母を青色事業専従者とすることができるか

問　父と母は老齢ですが、農繁期には農作業を手伝います。このような場合も青色事業専従者にすることができますか。

〔回答〕　仕事の内容に応じ一般の人と変わらない作業能力を有し、支障がない場合は青色事業専従者にすることができます。

〔解説〕　老衰その他心身の障害により事業に従事する能力が著しく阻害され、その仕事に通常従事する者が備えるべき能力に比し著しく劣っている場合には、その仕事に従事していても青色事業専従者にならないということであって、その仕事に通常従事する者の能力に比し変わらない程度の能力を有する場合に、その仕事に専ら従事しているときは、青色事業専従者にすることができます。

したがって、これらの人が青色事業専従者に該当するかどうかは、その仕事の内容に応じて判断することになります。

ご質問の場合も、仕事の内容に応じ、一般の人と変わらない作業能力を有し、支障がなくその仕事を遂行している場合には青色事業専従者に当たるものと考えられます。

もっとも、青色事業専従者給与の額は、作業の内容を考慮し、労務の対価としてふさわしい額を届け出て支給することが必要です。

16　青色事業専従者給与の適正額

問　青色事業専従者給与の適正額はどのように決めたらよいのでしょうか。

〔回答〕　納税者の個々の実態等を統合勘案して、労務の対価として相当と認められる額を決めます。

〔解説〕　必要経費に算入することができる青色事業専従者給与の額は、青色事業専従者給与に関する届出書に記載されている方法に従い、その記載されている金額の範囲内において支給された給与のうち、労務の対価として相当と認められる額です。

青色専従者給与の額が相当であるかどうかの判定は、納税者個々の実態に即し、次の状況を総合勘案して行うこととされています。

(1)　青色事業専従者の労務に従事した期間、労務の性質及びその提供の程度
(2)　その事業に従事する他の使用人が支払いを受ける給与の状況及びその事業と同種の事業でその規模が類似するものが支給する給与の状況
(3)　その事業の種類及び規模並びにその収益の状況

したがって、青色専従者給与の適正額は、上記のような基準を参考に決めることになります（所法57①、所令164①）。

17　青色事業専従者の給与が事業主の所得より多い場合

問　肉豚の価格は、周期的に大幅に変動するので、年によって、所得金額が増減し、青色事業専従者給与の方が、事業主である私の所得金額より多くなることがしばしばあります。

　このような場合でも青色事業専従者給与は農業所得の必要経費となるのでしょうか。

　また、青色事業専従者給与を差し引く前の農業所得の金額が赤字の場合でも認められるのでしょうか。

〔回答〕　青色事業専従者給与額が労務の対価として適正な額であれば農業所得の必要経費となります。

〔解説〕　事業主の所得は、一般的に青色事業専従者給与の額よりも多くなることが自然の姿です。

　しかし、農業所得は、その年その年のいろいろの事情からある程度変動するのが普通です。ある年の所得が大きく減少し、結果として事業主の所得より青色事業専従者給与の額が多くなる場合や事業主の所得が赤字になる場合もあるでしょう。このような場合でも、青色事業専従者給与額が労務に従事した期間、従事の程度等からみて適正な額であれば事業（農業）の必要経費となります。

　ただし、事業主の所得より青色事業専従者給与の額の方が多いという状態が何年も続く場合は、青色事業専従者給与の額が妥当かどうかを見直す必要があると思われます。

18　届出額以上の賞与

問　今年は豊作で例年に比べて所得が多くなりそうです。青色事業専従者である妻に賞与を多く支給したいと思っています。届出額以上の賞与は必要経費として差し引くことはできないのでしょうか。

〔回答〕　青色事業専従者の届出書に記載された額より多い賞与は必要経費になりません。

〔解説〕　青色事業専従者給与の額は、届出書に記載されている方法に従い、その記載されている金額の範囲内において、実際に支払った額を必要経費にすることとされています。したがって、届出書に記載された金額以上の額は、たとえ支払っても必要経費になりません（所法57①）。

しかし、届出書の記載事項は変更できますので、変更届を提出すれば、変更前の賞与より多く支払うことができますが、その額は労務の対価として相当な額でなければなりません。

19　未払の青色事業専従者給与

問　資金不足のため妻に青色事業専従者給与を２か月分をまだ支払っていません。未払分として記帳しても必要経費にならないのでしょうか。

〔回答〕　原則として、未払分は必要経費になりません。

〔解説〕　必要経費に算入される青色事業専従者給与は、現実に給与として支払われるものであることが前提とされていますから（所法57①）、例えば、長期間未払給与が累積していくような場合や相当期間未払いのまま放置されているような場合のように現実に支払の事実がないと認められるような場合には、必要経費に算入できないことになります。

しかし、資金繰りの関係でたまたま支給期に支払うことができなかった場合など、未払いになったことについて相当の理由があり、しかも、帳簿に明瞭に記載され、短期間に現実に支払われるものであれば、一時的に未払いの状態であったとしても必要経費に算入できます。

したがって、ご質問の場合には、短期間のうちに現実に支払われるものであれば必要経費に算入できます。

20　青色事業専従者は配偶者控除等の対象になるか

問　青色事業専従者は、配偶者控除、扶養控除の対象になるのでしょうか。

〔**回答**〕　青色事業専従者は給与支給額が少ない場合でも配偶者控除や扶養控除の対象にはなりません。

〔**解説**〕　①青色事業専従者に該当し給与の支払を受ける人及び②白色事業専従者に該当する人は、配偶者控除の対象となる「同一生計配偶者」（所法2①三十三）や扶養控除の対象となる「扶養親族」（所法2①三十四）とはされないこととされています。

したがって、青色事業専従者として給与の支払を受ける場合は、その青色専従者給与の額が少ないときでも配偶者控除や扶養控除は受けられないことになります。

21　青色事業専従者に支払った退職金

問　青色事業専従者に支払った退職金は必要経費になりますか。

〔回答〕　青色事業専従者に支払った退職金は必要経費に算入することはできません。

〔解説〕　所得税法では、事業主が生計を一にする配偶者その他の親族に対し、自己の事業に従事したことその他の事由により、その対価に相当する金額を支給したとしても必要経費に算入しないこととしていますが（所法56)、青色申告者の場合、青色事業専従者がいるときは、「青色専従者給与に関する届出書」（資料3）を提出し、この届出書に記載されている方法に従い届出書に記載されている金額の範囲内において給与の支払をしたときは、その給与の額が労務の対価として相当であると認められる場合に限り必要経費として算入できることになっています（所法57①)。

しかし、これらは、青色事業専従者がその事業に従事している期間に支給を受けるべきもの（給与）に限られています。

したがって、退職所得となる退職手当や退職年金などは必要経費に算入することはできません。

22　青色事業専従者給与の源泉徴収

問　青色事業専従者給与の源泉徴収の仕方について教えてください。

〔**回答**〕　青色事業専従者給与も一定額を超えると源泉徴収の対象となります。

〔**解説**〕　居住者に対して国内において給与等の支払をする者は、支払の際、その給与等について所得税及び復興特別所得税を徴収し、その徴収の日の属する月の翌月10日までに、これを国に納付しなければならないことになっています（所法183①）。

所得税及び復興特別所得税の源泉徴収は、次のように行います。

(1)　その年最初の給与支払日の前日までに、青色事業専従者から、源泉徴収をする所得税及び復興特別所得税の税額を計算するために必要な「給与所得者の扶養控除等（異動）申告書」を提出してもらいます。

(2)　次に、給料や賞与を支払うときは、次の要領で所得税及び復興特別所得税を源泉徴収します。

①　給料については、給料の支払期間、社会保険料等控除後の給料の金額、(1)で申告された控除対象扶養親族等の数を基に、「給与所得の源泉徴収税額表」で求めます。

②　賞与については、「賞与に対する源泉徴収税額の算出率の表」で、前月の社会保険料等控除後の給与等の金額を基に「賞与の金額に乗ずべき率」を求め、この率を賞与の金額に掛けて求めます。

(3)　その年最後の給与を支払うときの所得税及び復興特別所得税の源

泉徴収に当たっては、一年間の源泉徴収税額の精算（これを「年末調整」といいます。）を行います。

(4)　(2)や(3)によって徴収した税額は、原則として、徴収した日の属する月の翌月10日までに税務署又は金融機関（日本銀行歳入代理店）に納付しなければなりません。

23　源泉徴収税額の納期の特例

問　青色事業専従者が３人おりますが、青色事業専従者給与にかかる源泉所得税を毎月納付するのは面倒です。何か月分かをまとめて納付することはできないのでしょうか。

なお、青色事業専従者以外に使用人はおりません。

〔回答〕　給与を受ける人が常時10人未満である場合は、半年分をまとめて納付することができます。

〔解説〕　源泉所得税額は、その徴収の日の属する月の翌月10日までに納付するのが原則ですが、この例外として、給与の支給を受ける人が常時10人未満の場合は、所轄税務署長の承認を受けて、毎月ではなく次のように半年分をまとめて納付してもよいことになっています（所法216）。

給与の支払期間	源泉徴収税額の納付期限
１月～６月	７月10日
７月～12月	翌年の１月20日

この承認を受けるためには、申請の日前６か月間の各月末の給与の支払いを受ける者の人員及び各月の支給金額その他必要な事項を記載した「源泉所得税の納期の特例の承認に関する申請書」（資料７）を、納税地の所轄税務署長に提出しなければなりません（所法217、所規78）。

なお、この申請書を提出した月の翌月末日までに承認又は却下の通知がないときは、同日に自動的にその承認があったものとみなされることになっています（みなし承認）（所法217⑤）。

したがって、ご質問の場合は給与の支給を受ける人は青色事業専従者の

３人だけということですので、この申請書を提出すれば半年分をまとめて納付することができます。

（参考）　青色申告の節税効果（イメージ）

令和２年分について、青色申告の場合と白色申告の場合とにおける税負担を比較してみます。

<設例１> 配偶者等の親族が、本人が営む事業に専ら従事していない場合（本人のみの場合）

事業の利益（事業に係る収入から必要経費を差し引いた金額）……600 万円
社会保険料控除……40 万円
生命保険料控除……12 万円
地震保険料控除……5 万円
配偶者控除……38 万円
基礎控除……48 万円

（注）所得税の場合の控除額

◇　白色申告の場合

各種控除の額を事業の利益から差し引いて税額を計算した結果、所得税、復興特別所得税、事業税及び住民税の各税の合計額は、1,128,700 円となります。

◇　青色申告の場合

青色申告特別控除65 万円の適用を受けた場合（B）、各税の合計額は、930,900 円となり、白色申告の場合（A）に比べて197,800 円の節税となります。

また、青色申告特別控除10 万円の適用を受けた場合（C）でも、各税の合計額は1,098,200 円となりますので、白色申告の場合（A）に比べて30,500 円の節税となります。

<設例２> 配偶者等の親族が、本人が営む事業に専ら従事している場合（事業専従者ありの場合）

事業の利益（事業に係る収入から必要経費を差し引いた金額）……600 万円
配偶者の青色事業専従者給与の金額……120 万円
社会保険料控除……40 万円
生命保険料控除……12 万円
地震保険料控除……5 万円
基礎控除……48 万円
（注）所得税の場合の控除額

◇　白色申告の場合

事業専従者控除額86 万円を事業の利益から差し引いて税額を計算した結果、所得税、復興特別所得税、事業税及び住民税の各税の合計額は、934,700 円となります。

◇　青色申告の場合

e-Tax による申告（電子申告）又は電子帳簿保存を行って65 万円の青色申告特別控除の適用を受けた場合（E）、配偶者に支払う青色事業専従者給与の金額120 万円を事業の利益から差し引いて税額を計算した結果、各税の合計額は、636,900 円となります。

配偶者に基礎控除以外の所得控除がなければ、本人と配偶者が負担する各税の合計額（E + G）は670,000 円となり、白色申告の場合（D）に比べて264,700 円の節税となります。

また、10 万円の青色申告特別控除の適用を受けた場合（F）でも、本人と配偶者が負担する各税の合計額（F + G）は816,900 円となり、白色申告の場合（D）に比べて117,800円の節税となります。

◇ **設例の税額計算**

（単位：円）

	設例1（本人のみの場合）			設例2（事業専従者ありの場合）			
	本人分			本人分			配偶者分
	白色申告	青色申告		白色申告	青色申告		
	A	B	C	D	E	F	G
事業の利益	6,000,000	6,000,000	6,000,000	6,000,000	6,000,000	6,000,000	
青色申告特別控除	—	**650,000**	**100,000**	—	**650,000**	**100,000**	
青色事業専従者給与 事業専従者控除	—	—	—	860,000	**1,200,000**	**1,200,000**	
事業所得	6,000,000	5,350,000	5,900,000	5,140,000	4,150,000	4,700,000	
給与所得	—	—	—	—	—	—	650,000
所得控除の合計	1,430,000	1,430,000	1,430,000	1,050,000	1,050,000	1,050,000	480,000
課税される所得金額	4,570,000	3,920,000	4,470,000	4,090,000	3,100,000	3,650,000	170,000
所得税額 （基準所得税額）	486,500	356,500	466,500	390,500	212,500	302,500	8,500
復興特別所得税額 （基準所得税額×2.1%）	10,216	7,486	9,796	8,200	4,462	6,352	178
①所得税及び復興特別所得税の額	496,700	363,900	476,200	398,700	216,900	308,800	8,600
②住民税	477,000	412,000	467,000	424,000	325,000	380,000	24,500
③事業税	155,000	155,000	155,000	112,000	95,000	95,000	—
所得税、復興特別所得税、住民税及び事業税の合計 （①+②+③）	1,128,700	930,900	1,098,200	934,700	636,900	783,800	33,100

（注）1　上記の「配偶者分」は、本人が青色申告の場合です。
　　2　上記のいずれの場合も、住民税均等割額は5,000円として計算しています。
　　3　上記の税の他、国民健康保険料（税）などの計算にも影響します。

◇ **節税効果の比較**

	本人のみの場合			青色事業専従者ありの場合 （青色事業専従者の負担額を含む）		
	白色申告	青色申告特別控除額		白色申告	青色申告特別控除額	
		65万円	10万円		65万円	10万円
税負担	1,128,700	930,900	1,098,200	934,700	670,000	816,900
節税効果 （差引）		−197,800円	−30,500円		−264,700円	−117,800円

第6章　その他

1　納税地

問　畜産公害防止のため、やむを得ずA村の山林内に畜舎その他の施設を作り、そこに寝泊りして養豚経営を行っています。

このような場合、所得税の申告は、A村で行うべきか又は住所地のB村で行うべきでしょうか。

〔回答〕　原則として、住所地が納税地となります。

〔解説〕　所得税の申告や納税は納税地を管轄する税務署に行うことになっており、その納税地は、原則として、住所のある者は、その住所地、住所がなく居所のある人については、その居所地になっています（所法15）。

なお、事業を営む納税者については、その住所又は居所のほかに、その事業に係る事業場その他これに準ずる場所をもち、その住所又は居所地に代えてその事業場等の所在地を納税地とした方が便利な場合には、その事業場等の所在地を納税地とする旨の届出をすれば、その事業場等の所在地を納税地とすることができます（所法16②）。

したがって、ご質問の場合、養豚経営を行っているA村の方を納税地とした方が便利であるならば、「所得税・消費税の納税地の変更に関する届出書」（資料8）を提出すれば、A村を納税地とすることができます。

なお、納税地を変更することによって所轄税務署が変わる場合は、住所地の税務署長に届出書を提出することになります（所法16④）。

また、A村を納税地とした後、その納税地が納税者の所得の状況等からみて所得税の納税地として不適当であると認められる場合には、その納税地の所轄国税局長等が納税地を指定することがあります（所法18①）。

2　農業の事業主の判定

問　私は1.2ヘクタールの普通田畑を所有していますが、会社の仕事に専念し農耕にはほとんど従事していません。

このため、妻が専ら従事しすべての切り回しをしていますが、この場合の農業の事業主は妻と考えてよいのでしょうか。

〔回答〕　原則として、農業の経営方針の決定に支配的影響力をもつと認められる人が事業主となります。

〔解説〕　夫婦間において農業所得がだれに帰属するかを判定する場合には、原則としてその農業の経営方針の決定に支配的影響力をもつと認められる人が事業主（農業所得の帰属者）であるものと推定し、判定できないときは、生計を主宰する者が事業主であるものと推定することになっています（所基通12―3）。

しかし、生計を主宰する者が会社、官公庁等に勤務するなど他に主たる職業を有し、夫婦の他方が家庭にあって農耕に従事している場合には、次のように取り扱われます。

すなわち、生計を主宰している人が、主たる職業に専念していること、農業に関する知識がないこと又は勤務地が遠隔であることのいずれかの事情により、ほとんど又は全く農耕に従事していない場合には、家庭にあって農耕に従事している人がその農業の事業主と推定されます（生計を主宰している者を事業主とみることを相当とする場合を除きます。）。

したがって、ご質問の場合は、あなたは主たる職業に専念し、ほとんど農耕に従事していないこと、また経営規模も1.2ヘクタールと中程度の規模であるので、奥さんが農業の事業主と推定されることになります。

3　特別農業所得者の予定納税の特例

問　特別農業所得者の予定納税の特例について説明してください。

〔回答〕　特別農業所得者の予定納税の特例を受ける人は、その予定納税額基準額の2分の1に相当する所得税を第2期（11月）に納めることになります。

〔解説〕

1　予定納税の仕組み

所得税は、最終的には1年間の所得と税額を計算し、翌年の確定申告期間中に確定申告をして、その税額を納めることになっていますが、前年に一定の所得があった人については、税務署で前年の所得などを基にして次のように計算した予定納税額が通知されます。それを7月と11月に納めることになっています。この制度を「予定納税の制度」といいます（所法104）。

（注）　平成25年分から令和19年分の予定納税額は、所得税の額に復興特別所得税の額（原則として前年分の確定申告の所得税の額の2.1％）を含めて計算することになります。

第1期（7月）分――予定納税基準額の1/3相当額	予定納税額
第2期（11月）分――予定納税基準額の1/3相当額	

（注）　予定納税基準額が15万円未満の場合は、予定納税する必要はありません。

2　特別農業所得者の予定納税の特例

予定納税は、上記のように予定納税額基準額の３分の１を７月と11月に納めることになっていますが、次に該当する人は、第２期（11月）において、その予定納税額基準額の２分の１に相当する金額の所得税を国に納付しなければならないとされています（所法107）。

① 前年において特別農業所得者であった人
② 特別農業所得者の申請により、その年において特別農業所得者であると見込まれることについて税務署長の承認を受けた人
（注）②の申請書の提出期限は、その特例を受ける年の５月15日です（所法110②）。

したがって、第１期（７月）には予定納税額を納めなくてよいことになります。これが、特別農業所得者の予定納税の特例です。

3　特別農業所得者

特別農業所得者とは、次の①と②の２つの要件を満たしている人をいいます（所法２①35）。

① その年における農業所得の金額が総所得金額の10分の７に相当する金額を超えていること
② その年９月１日以後に生ずる農業所得の金額がその年中の農業所得の金額の10分の７に相当する金額を超えていること

したがって、上記①又は②のいずれかが満たされていない場合には、特別農業所得者になることはできません。

なお、上記②の要件のところで注意しなければならない点は、農産物は収穫時にその収穫価額をもって取得したものとみなされるいわゆる「収穫基準」（P21の問３参照）があることです。

したがって、例えば、その農産物が８月31日までに収穫されてしまっている場合には、現実にそれが売却されていない場合でも、９月１日以後に生ずる農業所得の金額にはなりませんので、そのような場合には特別農業所得者には該当しないことになります。

4　特別農業所得者の農業所得の範囲

特別農業所得者の対象となる農業所得は、次の事業から生ずる所得をいいます（所令12）。

① 米、麦その他の穀物、馬鈴しょ、甘しょ、たばこ、野菜、花、種苗その他のほ場作物、果樹、樹園の生産物又は温室その他特殊施設を用いてする園芸作物の栽培を行う事業
② 繭又は蚕種の生産を行う事業
③ 主として上記①及び②の物の栽培又は生産をする者が兼営するわら工品その他これに類する物の生産、家畜、家きん、毛皮獣若しくは蜂の育成、肥育、採卵若しくはみつの採取又は酪農品の生産を行う事業

4　白色申告者の記帳・記録保存制度

問　白色申告者の記帳・記録保存制度について説明してください。

〔回答〕　白色申告者で不動産所得、事業（農業）所得又は山林所得を生ずべき業務を行う人には、記帳・記録保存制度等が適用されます。

〔解説〕　記帳・記録保存制度の概要は次のとおりです。

なお、青色申告者には、白色申告者とは別に記帳・記録保存制度があります（所法148①）。

1　記帳制度

白色申告者で不動産所得、事業（農業）所得又は山林所得を生ずべき業務を行う人は、帳簿を備え、その年の取引のうち総収入金額及び必要経費に関する事項を財務省令の定める簡易な方法により記録し、かつ、その帳簿を一定期間保存しなければなりません（所法232①）。

2　帳簿書類の保存制度

白色申告者で事業（農業）所得などを生ずべき業務を行う人は、その業務に関して作成し、又は受領した帳簿及び書類を７年間（一定のものは５年間）保存しなければなりません（所法232①、所規102）。

【帳簿・書類の保存期間】

	保存が必要なもの	保存期間
帳簿	収入金額や必要経費を記載した帳簿（法定帳簿）	7年
	業務に関して作成した上記以外の帳簿（任意帳簿）	5年
書類	決算に関して作成した棚卸表その他の書類	5年
	業務に関して作成し、又は受領した請求書、納品書、送り状、領収書などの書類	

（参考1）　収支内訳書の提出

事業所得者などが確定申告書を提出する場合には、これらの所得に係るその年中の収入金額及び必要経費の内容を記載した一定の書類（いわゆる収支内訳書）を添付しなければなりません（所法120④）。

（参考2）　総収入金額報告書の提出

事業所得者などで、その年中の事業所得等に係る収入金額の合計額が3,000万円を超える人は、その年分の確定申告書を提出している場合を除き、その合計額や所得の種類ごとの内訳などを記載した総収入金額報告書をその年の翌年3月15日までに提出しなければなりません（所法233）。

5　農業所得に係る収入金額について記帳すべき事項

問　農業所得に係る収入金額については、どのような事項を記帳するのでしょうか。

〔回答・解説〕　農業所得に係る収入金額については、「農産物の収穫に関する事項」と「農産物、繭、畜産物等の売上げ、家事消費等に関する事項」とに区分して次のように記載することになります（昭和42年大蔵省告示112別表1の(ロ)の(六))。

(1)　農産物の収穫に関する事項

農産物の収穫に関する事項については、①収穫の年月日、②農産物の種類、③数量を記載することになります。

なお、農産物の収穫価額については法定の記載事項とされていません。この場合、記帳対象となる農産物は、米、麦その他の穀物とされており、その他の農産物については、収穫に関する事項の記載を省略することができることとされています。

(2)　農産物、繭、畜産物等の売上げ、家事消費等に関する事項

農産物等の売上等に関する事項については、①取引の年月日、②売上先その他取引の相手方、③金額を記載することとされています。

なお、品名その他給付の内容、数量、単価等については、法定の記載事項とされていませんので、この記帳は、納税者の判断に委ねられているといえます。また、次問のとおり、少額な現金売上げについては、日々の合計金額のみを一括記載することができるなど簡易な記帳方法が認められています。

6　農業所得に係る収入金額の簡易な記帳方法

問　農業所得に係る収入金額の簡易な記帳方法を具体的に説明してください。

〔回答・解説〕　農業所得に係る収入金額に関して記帳すべき事項については、前問で説明したとおりですが、これらの事項については、次のような簡易な記帳方法が認められています（昭和42年大蔵省告示112別表１の(ロ)の(六)）。

①　少額な現金売上げや保存している納品書控、請求書控等によりその内容を確認できる取引について、日々の合計金額のみを一括記載すること。

②　掛売上げの取引で保存している納品書控、請求書控等によりその内容を確認できるものについて、日々の記載を省略し、現実に代金を受け取った時に売上げとして記載すること。ただし、この場合には、年末における売掛金の残高を記載することになります。

③　農産物の事業用消費や家事消費等あるいは繭、畜産物等の家事消費等について、年末において、消費等をしたものの種類別にその合計を見積もり、それぞれその合計数量及び合計金額のみを一括記載すること。

7　農業所得に係る必要経費について記帳すべき事項

問　農業所得に係る必要経費については、どのような事項を記帳するのでしょうか。

〔回答・解説〕　農業所得に係る必要経費については、「農産物の収穫価額に関する事項」と「その他の費用に関する事項」とに区分して次のように記載することになります（昭和42年大蔵省告示112別表１の(ロ)の(七))。

⑴　農産物の収穫価額に関する事項

農産物を収穫したときの農産物の収穫価額に関する事項について、①収穫の年月日、②農産物の種類、③数量を記載することとされています。

この場合、記帳対象となる農産物は、米、麦その他の穀類とされており、その他の農産物については、収穫に関する事項の記載を省略することができることとされています。

⑵　その他の費用に関する事項

農業所得に係る費用に関する事項については、その費用の額を「雇人費」、「小作料」、「減価償却費」、「貸倒金」、「利子割引料」及び「その他の経費」の項目に区分して、それぞれその取引の①年月日、②事由、③支払先、④金額を記載することとされています。

なお、次問のとおり少額な費用については、日々の合計金額のみを一括記載することができるなど簡易な記帳方法が認められています。

8　農業所得に係る必要経費の簡易な記帳方法

問　農業所得に係る必要経費の簡易な記帳方法について具体的に説明してください。

〔回答・解説〕　農産物の収穫価額に関する事項以外の費用の記載については、前問で説明したとおりですが、これについて次のような簡易な記帳方法が認められています（昭和42年大蔵省告示112別表１の(ロ)の(七)）。

①　少額な費用について、その項目ごとに、日々の合計金額のみを一括記載すること。

②　まだ収穫しない農産物、未成育の牛馬等又は未成熟の果樹等について要した費用について、年末においてその整理を行うこと。

③　自ら収穫した農産物で肥料、飼料等として自己の農業に消費するものの事業用消費について、年末において、消費したものの種類別にその合計を見積もり、それぞれその合計数量及び合計金額のみを一括記載すること。

④　現実に出金した時に記載すること。ただし、この場合には、年末における費用の未払額及び前払額を記載することになります。

9　災害等による申告期限の延長

問　夫は専業農家ですが、本年３月１日に病で入院し、１か月程度、安静が必要との診断を受けました。入院期間中に確定申告期限がきますが、私は全く従事していないので、申告関係については一切分かりません。夫の病状が回復してから申告することはできないでしょうか。

〔回答〕　納税者が重病などやむを得ない場合には、申告期限の延長が認められています。

〔解説〕　災害その他やむを得ない事由により、所得税について申告や申請、請求、届出その他書類の提出又は納税などを法定の期限までにすることができないと認められるときには、次により、国税庁長官、国税不服審判所長、国税局長又は税務署長は、災害その他やむを得ない理由がやんだ日から２か月以内に限り、申告などについての法定期限を延長することができることとされています（通法11、通令３）。

(1)　都道府県の全部又は一部にわたり、災害その他やむを得ない理由により、申告などを法定期限までにすることができないと認めた場合には、国税庁長官は、地域及び期日を指定して法定期限を延長する。

(2)　災害その他やむを得ない理由により、申告などを法定期限までにすることができないと認めた場合には、税務署長等は、納税者からの申請によって期日を指定して法定期限を延長する。

上記(2)の「災害その他やむを得ない理由」とは、次のような事実が該当します（通基通11―１）。

イ　地震、暴風、豪雨、豪雪、津波、落雷、地すべり、その他の自然現

象の異変による災害

ロ　火災、火薬類の爆発、ガス爆発、交通途絶その他の人為による異常な災害

ハ　申告等をする者の重傷病その他の自己の責めに帰さないやむを得ない事実

したがって、ご質問の場合には、上記ハに該当すると思われますので、税務署長に申告期限延長の申請書を提出すれば２か月の範囲内で申告期限の延長が認められます。

なお、この申請は、災害その他やむを得ない理由がやんだ後、相当の期限内にその理由を記載した書面で行うこととされていますので、申告できる程度に病状が回復した後に申請書を提出することになりますが、事前に税務署に相談しておいた方がよいでしょう。

第2部

消費税関係

解　説　編

Ⅰ　消費税の基本的な仕組み

個人事業者の方に関する消費税の基本的な仕組みは次のとおりです。

1　消費税の概要

(1)　消費税の対象となる取引は何か

消費税は、特定の物品やサービスに課税する個別消費税（酒税・たばこ税）とは異なり、消費に広く公平に負担を求める間接税です。その課税対象は、金融取引や資本取引、医療、福祉、教育等の一部を除き、ほとんど全ての国内における商品の販売、サービスの提供及び保税地域から引き取られる外国貨物とされています。

(2)　消費税は誰が負担者か

消費税は、生産及び流通のそれぞれの段階で、商品や製品などが販売される都度その販売価格に上乗せされて課税されますが、事業者に負担を求めるものではありません。税金分は事業者が販売する商品やサービスの価格に含まれて、次々と転嫁され、最終的に商品を消費し又はサービスの提供を受ける消費者が負担することとなります。

また、生産、流通の各段階で二重、三重に税が課されることのないよう、課税売上げに係る消費税額から課税仕入れ等に係る消費税額を控除し、税が累積しないような仕組みが採られています。なお、地方消費税も課税仕入れ等に係る消費税額を控除した後の消費税の納付税額を基礎として計算しますから、税が累積することはありません。

■　消費税の負担と納付の流れ（食料品の出荷）

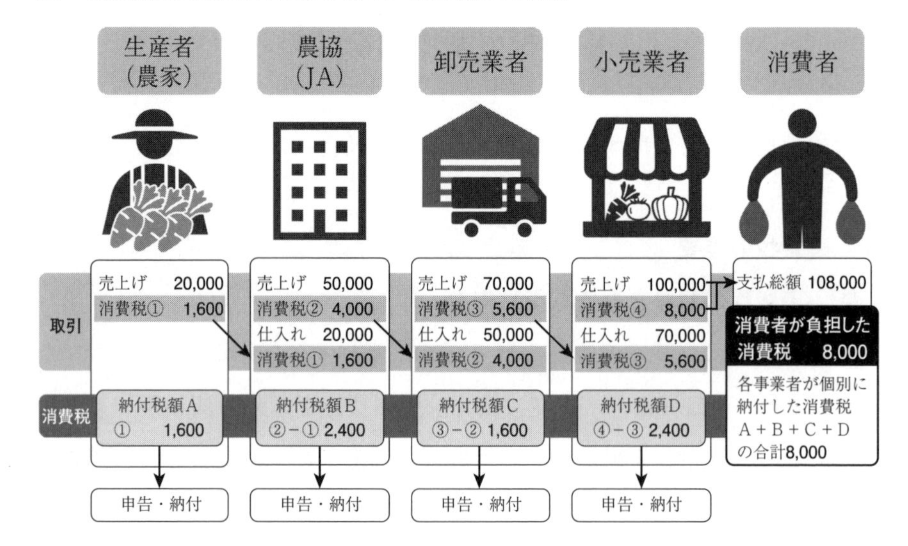

（注）図中における消費税は、軽減税率を適用した税率（８％）で計算しています（単位：円）。

⑶　消費税の税率は何％か

消費税の税率は、10％（地方消費税2.2％を含みます。）です（注）。

（注）上記の税率は、令和元年10月１日から適用された（令和元年９月30日まで、8.0％（地方消費税1.7％を含みます。））ものです。

　ただし、「酒類・外食を除く飲食料品の譲渡」及び「週２回以上発行される新聞の定期購読契約に基づく譲渡」を対象に軽減税率制度（税率8.0％（地方消費税1.76％を含みます。））が実施されています（軽減税率については、「Ⅱ消費税の軽減税率制度の概要」をご参照ください）。

（参考）

消費税の軽減税率は、令和元年９月30日までの税率と同じ８％ですが、消費税率（6.3％→6.24％）と地方消費税率（1.7％→1.76％）

の割合が異なります。

2　確定申告と納税

個人事業者の消費税の課税期間は、1月1日から12月31日までの1年間であり、確定申告と納税の期限は、その翌年の3月31日です（注1、2）。

また、直前の課税期間の確定消費税額（消費税の年税額で、地方消費税を含みません。）に基づき、次表のとおり、中間申告・納付をすることになります。

直前の課税期間の確定消費税額	48万円以下	48万円超 400万円以下	400万円超 4,800万円以下	4,800万円超
中間申告の回数	不要	年1回	年3回	年11回

なお、消費税の課税事業者であっても、課税取引がなく、かつ、納付税額がない課税期間については、確定申告書を提出する必要はありませんが、課税仕入れに対する消費税額や中間納付額があるときは還付申告をすることができます。

（注）1　特例として、届出により課税期間を3か月ごと又は1か月ごとに短縮することができます。

2　個人事業者が課税期間の中途において死亡した場合や、課税期間終了の日の翌日から確定申告書の提出期限までの間に確定申告書を提出しないまま死亡した場合には、相続人は相続の開始があったことを知った日の翌日から4か月以内に確定申告書の提出及び納付をしなければなりません。

3　納税事務の負担軽減措置等

事業者の納税事務の負担等を軽減するために、次のような措置が講じられています。

⑴　事業者免税点制度

基準期間（申告をする年分の前々年をいいます。）の課税売上高が1,000万円以下の事業者は、原則としてその課税期間の納税義務が免除されることになっています（注1、2）。

⑵　簡易課税制度

基準期間の課税売上高が5,000万円以下の事業者は、課税売上高から納付する消費税額を計算する簡易課税制度を選択することができます（注3）。

（注）1　その課税期間の基準期間における課税売上高が1,000万円以下であっても特定期間（※）における課税売上高が1,000万円を超えた場合は、その課税期間から課税事業者となります。

なお、特定期間における1,000万円の判定は、課税売上高に代えて、給与等支払額の合計額により判定することもできます。

※　特定期間とは、個人事業者の場合は、その年の前年の1月1日から6月30日までの期間をいい、法人の場合は、原則として、その事業年度の前事業年度開始の日以後6か月の期間をいいます。

2　課税事業者が、高額特定資産又は自己建設高額特定資産の仕入れ等を行った場合は、その高額特定資産等の仕入れ等の日の属する課税期間の翌課税期間から一定の期間について、事業者免税点制度及び簡易課税制度の適用が制限されます（P292参照）。

3　消費税額を計算する際に、実際の仕入れに含まれる税額を計算することなく、売上げに対する税額に一定のみなし仕入率を乗じた金額を仕入れに含まれる税額とみなすことのできる簡易課税制度が設けられています（P280参照）。

＜用語の説明＞

1　課税期間

納付すべき消費税額の計算の基礎となる期間をいいます。個人事業者は、原則として、暦年（１月１日から12月31日）をいいます。

2　基準期間

ある「課税期間」において、消費税の納税義務が免除されるかどうか、簡易課税制度を適用できるかどうかを判断する基準となる期間をいいます。

原則として、個人事業者については、その年の前々年をいいます。

例　個人事業者の場合の基準期間と課税期間

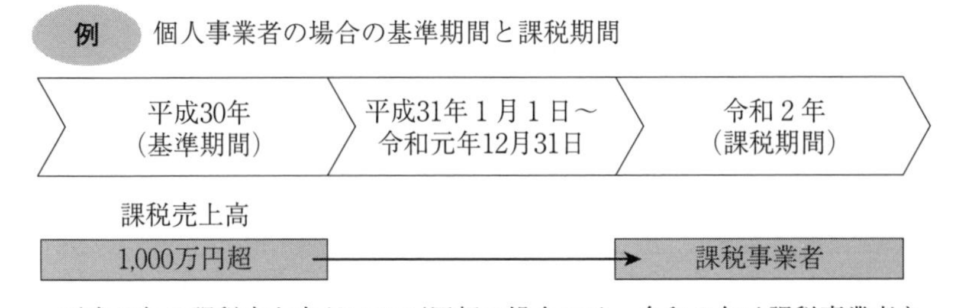

平成30年の課税売上高が1,000万円超の場合には、令和２年は課税事業者となります。

3　特定期間

特定期間とは、個人事業者の場合は、その年の前年の１月１日から６月30日までの期間をいいます。

法人の場合は、原則として、その事業年度の前事業年度開始の日以後６か月の期間をいいます。

4　課税事業者

個人の事業者のうち、次のいずれかに該当する方をいいます。

① 基準期間の課税売上高が1,000万円を超える事業者

② 「消費税課税事業者選択届出書」を提出して課税事業者を選択している事業者

5　課税売上高

消費税が課税される取引の売上金額と輸出取引等の免税売上金額の合計額をいいます（消費税抜きの金額です。）。

なお、売上返品、売上値引きや売上割戻し等に係る金額がある場合には、これらの合計額を控除します。

6　課税仕入れ

事業者が、事業として他の者から資産を譲り受け、もしくは借り受け又は役務の提供を受けることをいいます（課税仕入れの金額「課税仕入高」は、消費税抜きの金額です。）。

課税仕入れに該当するもの	課税仕入れに該当しないもの
○　肥料や農薬などの仕入れや農機具等事業用資産の購入・賃借、事務用品の購入、運送等のサービスの提供を受けること ○　免税事業者や消費者からの商品や中古品等の仕入れ	○　土地の購入や賃借、株式や債券の購入、利子や保険料の支払などの非課税取引 ○　給与の支払い、税金の納付など

7　仕入税額控除

仕入税額控除とは、納付する消費税額の算出にあたり、売上げの消費

税額から仕入れの消費税額を差し引いて計算することをいいます。

仕入税額控除は、実際に仕入れなどをした課税期間において行います。

したがって、建物などの減価償却資産であっても、それらの資産を購入した課税期間において、その購入価額の全額に対する消費税の額が仕入税額控除の対象になります。

8　課税売上割合

事業者の取引の中には、消費税の課税対象となる取引だけでなく、免税取引や非課税取引が含まれている場合があります。課税売上割合とは、課税期間中の総売上高に対して、課税対象となる売上げの割合をいいます。

なお、課税売上割合を計算する場合には、消費税抜きの金額で計算をします。

（課税売上割合の計算式）

$$\text{課税売上割合} = \frac{\text{課税売上高} + \text{輸出免税売上高（税抜）}}{\text{課税売上高} + \text{輸出免税売上高} + \text{非課税売上高（税抜）}}$$

9　課税売上割合に準ずる割合

上記8の課税売上割合により計算した仕入控除税額がその事業者の事業の実態を反映していないなど、課税売上割合により仕入控除税額を計算するよりも、課税売上割合に準ずる割合によって計算する方が合理的である場合があります。この割合を適用する場合には、課税売上割合に代えて課税売上割合に準ずる割合によって仕入控除税額を計算することもできます（この計算に当たっては、あらかじめ「消費税課税売上割合に準ずる割合の適用承認申請書」を提出し、税務署長の承認を受ける必要があります。)。

10　非課税取引

消費税は、国内において事業者が事業として対価を得て行う取引を課税の対象としています。

しかし、これらの取引であっても消費に負担を求める税としての性格や社会政策的配慮から課税の対象としてなじまない取引があります。こうした取引は、法令上、「消費税を課さない」と規定しており、これに該当する取引を「非課税取引」といいます。

例えば、土地や有価証券、商品券などの譲渡、預貯金や貸付金の利子、社会保険医療などの取引がこれに当たります（主な非課税取引の一覧は、P266、267を参照)。

11　免税取引

国内取引であっても消費に負担を求める税としての性格や社会政策的配慮から課税の対象としないこととされている取引があります。こうした取引は、法令上、「消費税を免除する」と規定しており、これに該当する取引を「免税取引」といいます。

例えば、商品の輸出や国際輸送、外国にある事業者に対するサービスの提供などのいわゆる輸出類似取引などです。

12　軽減税率制度

社会保障と税の一体改革の下、令和元年10月1日からの消費税率引上げ（8％→10％）に伴い、「酒類・外食を除く飲食料品」と「定期購読契約が締結された週２回以上発行される新聞」を対象に、これらの消費税率を引き下げる（８％）制度のことをいいます。

13　調整対象固定資産

棚卸資産以外の資産で、建物及びその付属設備、構築物、機械及び装置、船舶、航空機、車両及び運搬具、工具、器具及び備品、鉱業権その他の資産で一の取引単位の価額（消費税及び地方消費税に相当する額を除いた価額）が100万円以上のものをいいます。

＜主な非課税取引の一覧＞

	非課税取引	備考
(1)	**土地の譲渡及び貸付け**	土地には、借地権などの土地の上に存する権利を含みます。 ただし、１か月未満の土地の貸付け及び駐車場などの施設の利用に伴って土地が使用される場合は、非課税取引には当たりません。
(2)	**有価証券等の譲渡**	国債証券や株券などの有価証券、証券の発行がない国債、合名会社などの社員の持分、抵当証券、金銭債権などの譲渡 ただし、株式・出資・預託の形態によるゴルフ会員権などの譲渡は非課税取引には当たりません。
(3)	**支払手段の譲渡（注）**	銀行券、政府紙幣、小額紙幣、硬貨、小切手、約束手形などの譲渡 ただし、これらを収集品として譲渡する場合は非課税取引には当たりません。 （注）　平成29年７月１日以後、資金決済に関する法律第２条第５項に規定する暗号資産の譲渡は非課税となっております。
(4)	**預貯金の利子及び保険料を対価とする役務の提供等**	預貯金や貸付金の利子、信用保証料、合同運用信託や公社債投資信託の信託報酬、保険料、保険料に類する共済掛金など
(5)	**日本郵便株式会社などが行う郵便切手類の譲渡、印紙の売渡し場所における印紙の譲渡及び地方公共団体などが行う証紙の譲渡**	
(6)	**商品券、プリペイドカードなどの物品切手等の譲渡**	
(7)	**国等が行う一定の事務に係る役務の提供**	国、地方公共団体、公共法人、公益法人等が法令に基づいて行う一定の事務に係る役務の提供で、法令に基づいて徴収される手数料 なお、この一定の事務とは、例えば、登記、登録、特許、免許、許可、検査、検定、試験、証明、公文書の交付などです。

⑻	**外国為替業務に係る役務の提供**	
⑼	**社会保険医療の給付等**	健康保険法、国民健康保険法などによる医療、労災保険、自賠責保険の対象となる医療など ただし、美容整形や差額ベッドの料金及び市販されている医薬品を購入した場合は非課税取引に当たりません。
⑽	**介護保険サービスの提供**	介護保険法に基づく保険給付の対象となる居宅サービス、施設サービスなど ただし、サービス利用者の選択による特別な居室の提供や送迎などの対価は非課税取引には当たりません。
⑾	**社会福祉事業等によるサービスの提供**	社会福祉法に規定する第１種社会福祉事業、第２種社会福祉事業、更生保護事業法に規定する更生保護事業などの社会福祉事業等によるサービスの提供
⑿	**助産**	医師、助産師などによる助産に関するサービスの提供
⒀	**火葬料や埋葬料を対価とする役務の提供**	
⒁	**一定の身体障害者用物品の譲渡や貸付け**	義肢、盲人安全つえ、義眼、点字器、人工喉頭、車いす、改造自動車などの身体障害者用物品の譲渡、貸付け、製作の請負及びこれら身体障害者用物品の修理のうち一定のもの
⒂	**学校教育**	学校教育法に規定する学校、専修学校、修業年限が１年以上などの一定の要件を満たす各種学校等の授業料、入学検定料、入学金、施設設備費、在学証明手数料など
⒃	**教科用図書の譲渡**	
⒄	**住宅の貸付け**	契約において人の居住の用に供することが明らかなものに限られます。 ただし、１か月未満の貸付けなどは非課税取引には当たりません。

Ⅱ　消費税の軽減税率制度の概要

社会保障と税の一体改革の下、令和元年10月1日からの消費税率引上げに伴い、消費税率の軽減制度が実施されました。

軽減税率制度の下では、売上げや仕入れを税率ごとに区分して経理する必要があるほか、複数税率に対応した請求書等の交付や保存などが必要になります。このような事務は、消費税の納税義務のない免税事業を含めて多くの事業者に関係するものですので、以下その概要を紹介いたします。

1　消費税の軽減税率制度の概要

(1)　消費税軽減税率制度の実施（令和元年10月1日～）

消費税及び地方消費税（以下「消費税等」といいます。）の税率は、令和元年10月1日に、現行の8％（うち地方消費税率は1.7%）から10％（うち地方消費税率は2.2%）に引き上げられました。

また、これと同時に、10%への税率引上げに伴う低所得者への配慮の観点から、「飲食料品（酒類・外食を除きます。）」と「新聞（定期購読契約が締結された週2回以上発行されるものに限ります。）」を対象に、消費税の軽減税率制度が実施されました。

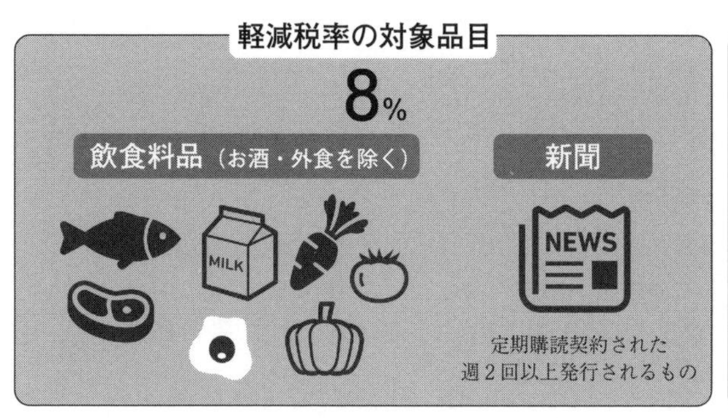

(2)　令和元年からの消費税等の税率

軽減税率制度の実施に伴い、令和元年10月１日からの消費税等の税率は、以下のとおり、軽減税率（８％）と標準税率（10％）の複数税率となります。

区分＼適用時期	令和元年９月30日まで（旧税率）	令和元年10月１日から	
		軽減税率	標準税率
消費税率	6.3%	6.24%	7.8%
地方消費税率	1.7% （消費税額の17/63）	1.76% （消費税額の22/78）	2.2% （消費税額の22/78）
合　　計	**8.0%**	**8.0%**	**10.0%**

（注）　消費税等の軽減税率は、税率引上げ前と同じ８％ですが、消費税率（6.3%→6.24%）と地方消費税率（1.7%→1.76%）の割合が異なります。

(3)　軽減税率の対象品目

軽減税率は、次の①及び②の品目の譲渡を対象としています。

①　飲食料品

軽減税率の対象となる飲食料品とは、食品表示法に規定する食品

（酒類を除きます。）をいい、一定の要件を満たす一体資産（注1）を含みます。

なお、外食やケータリング等（注2、3）は対象品目には含まれません。

② **新聞**

軽減税率の対象となる新聞とは、一定の題号（「○○新聞」や「日刊△△」など）を用い、政治、経済、社会、文化等に関する一般社会的事実を掲載する週2回以上発行されるもので定期購読契約に基づくものをいいます。

（注）1　「一体資産」とは例えば、おもちゃ付きのお菓子など食品と食品以外の資産があらかじめ一体となっている資産でその一体となっている資産に係る価格のみが提示されているものをいいます。一体資産のうち税抜価額が1万円以下であって、かつ、食品の価額の占める割合が3分の2以上の場合、その全体が軽減税率の対象となります（それ以外は全体が標準税率の対象となります。）。

2　「外食」とは、飲食業等を営む方が飲食に用いられる設備がある場所において飲食料品を飲食させる役務の提供をいいます。

3　「ケータリング等」とは、取引の相手方が指定した場所において行う加熱、調理又は給仕等の役務を伴う飲食料品の提供をいいます。

(4)　帳簿及び請求書等の記載と保存（令和元年10月1日～令和5年9月30日）

軽減税率制度の実施に伴い、消費税等の税率が軽減税率（8％）と標準税率（10％）の複数税率になりましたので、事業者は、消費税等の申告等を行うために、取引等を税率ごとに区分して記帳するなどの経理（以下「区分経理」といいます。）を行う必要があります。

また、これまでも消費税の仕入税額控除を適用するためには、帳簿及び請求書等の保存が要件とされていましたが、令和元年10月１日以降は、こうした区分経理に対応した帳簿及び請求書等（区分記載請求書等）の保存が要件となっています（区分記載請求書等保存方式）。

帳簿や請求書等には次の事項を記載する必要があります。

帳簿への記載事項	請求書等への記載事項
①　課税仕入れの相手方の氏名又は名称 ②　取引年月日 ③　取引の内容 ④　対価の額 ⑤　軽減税率対象品目である旨	①　請求書発行者の氏名又は名称 ②　取引年月日 ③　取引の内容 ④　対価の額 ⑤　請求書受領者の氏名又は名称 ⑥　軽減税率対象品目である旨 ⑦　税率の異なるごとに合計した税込金額

（注）１　区分記載請求書等保存方式の下でも、３万円未満の少額な取引や自動販売機からの購入など請求書等の交付を受けなかったことにつきやむを得ない理由があるときは、現行どおり、必要な事項を記載した帳簿の保存のみで、仕入税額控除の要件を満たすこととなります。

２　仕入先から交付された請求書等に、「⑥軽減税率対象品目である旨」や「⑦税率の異なるごとに合計した税込金額」の記載がない時は、これらの項目に限って、交付を受けた事業者自らが、その取引の事実に基づき追記することができます。

（参考）　インボイス制度（令和５年10月１日～）

令和５年10月１日からは、複数税率に対応した仕入税額控除の方式として、「適格請求書等保存方式」（いわゆる「インボイス制度」）が導入されます。この制度の下で、仕入税額控除の適用を受けるためには、税務署長の登録を受けた課税事業者から交付を受けた適格請求書などの請求書等の保存をしなければなりません。

この適格請求書を交付する事業者（適格請求書発行事業者）になるための税務署長に対する登録申請は、令和３年10月１日からとなります。

⑸　税額計算とその特例

軽減税率制度の実施に伴い、上記⑷のとおり、区分経理を行う必要がありますが、この区分経理を行うことが困難な中小事業者（基準期間における課税売上高が5,000万円以下の事業者をいいます。）には、一定期間、売上税額や仕入税額の計算の特例が設けられています。

⑹　軽減税率制度の実施に伴い必要となる事業者の対応

事業者は、日々の業務において、税率ごとに売上げや仕入れ（経費）を区分経理した上で、申告・納付を行うことが必要となります。

具体的には、軽減税率の対象となる商品を取り扱っている事業者だけではなく、軽減税率の対象となる売上げがない事業者や、課税事業者と取引を行う免税事業者も、次のような対応が必要となる場合があります。

課税事業者

・軽減税率の対象となる商品の売上げ・仕入れ（経費）の両方がある課税事業者
　例）　飲食料品を取り扱う卸売・小売業（スーパーマーケット、青果店等）、飲食業（レストラン等）
・軽減税率の対象となる商品の仕入れ（経費）のみがある課税事業者
　例）　会議費や交際費、雑費などの経費で飲食料品や新聞を購入する場合等

免税事業者

・軽減税率の対象となる商品の売上げがある免税事業者

必 要 な 対 応

①交付する請求書等は、区分記載請求書等へ（令和５年10月１日からは、適格請求書等へ）
②取引先から、区分記載請求書等（令和５年10月１日からは、適格請求書等）を受領し、日々の取引を税率ごとに区分して記帳（区分経理）
③区分経理に基づき、申告時に税額計算
※　仕入れ（経費）のみがある課税事業者の場合には②と③の対応が必要

・課税事業者と取引を行う場合には、区分記載請求書等（免税事業者は、適格請求書の発行はできません。）の交付を求められる場合があります。

質疑応答編

1　消費税の課税仕入れ（本則課税）

問　課税仕入れ等に係る仕入税額控除の計算方法とその適用を受けるための条件について教えてください。

なお、簡易課税制度の届出はしていません。

〔回答〕　消費税の納税額は、消費税の課税売上げに係る消費税から課税仕入れ等に係る消費税を差し引いて計算します。この課税仕入れ等に係る消費税を差し引くことを仕入税額控除といいます（実際に差し引く消費税額を仕入控除税額といいます。）。

例えば課税売上げから計算した消費税が1,000円で、課税仕入れから計算した消費税が200円であれば、差額の800円を納税します。この200円が、仕入税額控除額です。

この仕入税額控除の計算方法とその適用を受けるための条件は、以下のとおりです。

〔解説〕

1　仕入税額控除の計算方法

仕入税額控除の計算方法は、その課税期間中の課税売上高が５億円以下、かつ、課税売上割合が95％以上であるか、課税期間中の課税売上高が５億円超又は課税売上割合が95％未満であるかにより異なります（いわゆる「95％ルール」）。

(1)　課税売上割合が95％以上の場合（課税売上高が５億円以下）

課税売上割合が95％以上である事業者については、課税仕入れ等に係る消費税額の全額を控除できます（消法30①）。

なお、課税売上割合とは、次の算式により計算した割合をいいます。

$$課税売上割合 = \frac{その課税期間中の課税売上高（税抜き）}{その課税期間中の総売上高（税抜き）}$$

(2) 課税売上割合が95%未満の場合（課税売上高が５億円超）

課税売上割合が95%未満の場合には、課税仕入れ等に係る消費税額の全額を控除することができません。この場合には、課税売上げに対応する課税仕入れ等の消費税額のみとなり、個別対応方式か一括比例配分方式のいずれかの方式で仕入控除税額を計算することとなります（消法30②）。

① 個別対応方式

その課税期間中の課税仕入れ等に係る消費税額の全てについて、

イ　課税売上げにのみ要するもの

ロ　非課税売上げにのみ要するもの

ハ　課税売上げと非課税売上げに共通して要するもの

に区分が明らかにされている場合には、次により仕入控除税額を計算することができます（消法30②一）。

$$仕入控除税額 = イに係る課税仕入れ等の消費税額 + \left(ハに係る課税仕入れ等の消費税額 \times 課税売上割合\right)$$

この方式は上記イ～ハの区分がされている場合に限り、採用することができます。

（注）課税売上割合に代えて、所轄税務署長の承認を受けた課税売上割合に準ずる割合とすることもできます。

② 一括比例配分方式

事業者が個別対応方式により課税仕入れ等の消費税額を計算できない場合又はこの方式を選択する場合に適用され、次により仕入控除税額を計算することができます（消法30②二）。

仕入控除税額 ＝ 課税期間中の課税仕入れ等に係る消費税額 × 課税売上割合

なお、この一括比例配分方式を選択した場合には、２年間以上継続して適用した後でなければ、個別対応方式に変更することはできません。

2　仕入税額控除の適用を受けるための要件

仕入税額控除の適用を受けるためには、課税仕入れ等の事実を記録した帳簿及び事実を証した請求書等を保存することが要件とされています（消法30⑦）。

（参考）

令和５年10月１日からインボイス制度（適格請求書等保存方式）が導入されます。

インボイス制度では、複数税率に対応した消費税の仕入税額控除の方式を計算する必要があります。このため、仕入税額控除の適用を受ける場合には、税務署長の登録を受けた課税事業者（適格請求書発行事業者）が交付する請求書（適格請求書）等の保存が必要となります。

2　消費税の課税仕入れ（簡易課税）

問　簡易課税制度の適用を受ける場合の消費税の計算の特例について教えてください。

なお、簡易課税制度の届出はしていません。

〔回答〕　消費税の納税額は、消費税の課税売上げに係る消費税から課税仕入れ等に係る消費税を差し引いて計算します。この課税仕入れ等に係る消費税を差し引くことを仕入税額控除といいます（実際に差し引く消費税額を仕入控除税額といいます。）。

仕入税額控除については、本来、実際の課税仕入れ等の金額から計算する必要がありますが、これを簡易な方法で計算することができる制度があります。この制度を簡易課税制度といいます。

簡易課税制度の適用を受ける場合の消費税の計算の特例については、以下のとおりです。

〔解説〕

1　簡易課税制度の概要

簡易課税制度は、仕入控除税額を課税売上高に対する税額の一定割合により計算するものです。この一定割合をみなし仕入率といい、売上げを卸売業、小売業、製造業等、サービス業等、不動産業及びその他の事業の6つに区分し、それぞれの区分ごとのみなし仕入率を適用します。

＜みなし仕入率＞

第1種事業（卸売業）……90％

第2種事業（小売業等）……80％

第３種事業（製造業等）……70％

第４種事業（その他の事業）……60％

第５種事業（サービス業等）……50％

第６種事業（不動産業）……40％

2　簡易課税制度を適用できる方

簡易課税制度を適用できる方は、その適用を受けようとする課税期間の基準期間の課税売上高が5,000万円以下で、事前に届出書を提出している方です。

具体的には、例えば、令和３年分から簡易課税制度の適用を受けようとする場合には、令和元年分の課税売上高が5,000万円以下であり、かつ、令和２年12月31日までに「消費税簡易課税制度選択届出書」を提出しておく必要があります。

3　仕入税額控除の計算

(1)　基本的な計算方法

①　１種類の事業だけを営む事業者の場合（消令57①）

第１種事業から第６種事業までの事業のうち１種類の事業のみを営む事業者については、その課税期間の課税標準額に対する消費税額に、該当する事業のみなし仕入率を掛けた金額が仕入控除税額となります。

なお、簡易課税制度による仕入控除税額の計算をする場合の課税標準額に対する消費税額とは、売上対価の返還等に係る消費税額の合計額を控除した残額をいいます。

（算式）

$$\text{仕入控除税額} = \left(\begin{array}{l}\text{課税標準額に対}\\ \text{する消費税額}\end{array} - \begin{array}{l}\text{売上げに係る対価の返還}\\ \text{等の金額に係る消費税額}\end{array}\right) \times \text{みなし仕入率}\left(\begin{array}{ll}\cdot\text{第１種事業} & 90\%\\ \cdot\text{第２種事業} & 80\%\\ \cdot\text{第３種事業} & 70\%\\ \cdot\text{第４種事業} & 60\%\\ \cdot\text{第５種事業} & 50\%\\ \cdot\text{第６種事業} & 40\%\end{array}\right)$$

②　２種類以上の事業を営む事業者の場合（消令57②③）

第１種事業から第６種事業までの事業のうち２種類以上の事業を営む事業者の仕入控除税額の計算は、次のとおりです。

イ　原則的な計算方法

仕入控除税額は、原則として次の算式により計算します。

$$\text{仕入控除税額} = \left(\begin{array}{l}\text{課税標準額に対}\\ \text{する消費税額}\end{array} - \begin{array}{l}\text{売上げに係る対価の返還}\\ \text{等の金額に係る消費税額}\end{array}\right)$$

$$\times \frac{\begin{array}{l}\text{第1種事}\\ \text{業に係る}\\ \text{消費税額}\end{array}\times 90\% + \begin{array}{l}\text{第2種事}\\ \text{業に係る}\\ \text{消費税額}\end{array}\times 80\% + \begin{array}{l}\text{第3種事}\\ \text{業に係る}\\ \text{消費税額}\end{array}\times 70\% + \begin{array}{l}\text{第4種事}\\ \text{業に係る}\\ \text{消費税額}\end{array}\times 60\% + \begin{array}{l}\text{第5種事}\\ \text{業に係る}\\ \text{消費税額}\end{array}\times 50\% + \begin{array}{l}\text{第6種事}\\ \text{業に係る}\\ \text{消費税額}\end{array}\times 40\%}{\begin{array}{l}\text{第1種事業に}\\ \text{係る消費税額}\end{array} + \begin{array}{l}\text{第2種事業に}\\ \text{係る消費税額}\end{array} + \begin{array}{l}\text{第3種事業に}\\ \text{係る消費税額}\end{array} + \begin{array}{l}\text{第4種事業に}\\ \text{係る消費税額}\end{array} + \begin{array}{l}\text{第5種事業に}\\ \text{係る消費税額}\end{array} + \begin{array}{l}\text{第6種事業に}\\ \text{係る消費税額}\end{array}}$$

ロ　簡便的な計算方法

次のＡ及びＢのいずれにも該当しない場合は、次の算式により計算することができます。

Ａ　貸倒回収額がある場合

Ｂ　売上対価の返還等がある場合で、各種事業に係る消費税額からそれぞれの事業の売上対価の返還等に係る消費税額を控除して控除しきれない場合

（算式）

仕入控除税額＝

第１種事業に係る消費税額	×90%＋	第２種事業に係る消費税額	×80%＋	第３種事業に係る消費税額	×70%＋	第４種事業に係る消費税額	×60%＋	第５種事業に係る消費税額	×50%＋	第６種事業に係る消費税額	×40%

⑵　特例的な計算方法

①　１種類の事業に係る課税売上高が全体の課税売上高の75％以上を占める場合

２種類以上の事業のうち、１種類の事業の課税売上高が全体の課税売上高の75％以上を占める場合には、その75％以上を占める事業のみなし仕入率を全体の課税売上高に対し適用することができます。

（算式）

仕入控除税額＝（課税標準額に対する消費税額）×（75％以上を占める事業のみなし仕入率）

②　２種類の事業に係る課税売上高が全体の課税売上高の75％以上を占める場合

３種類以上の事業を営む事業者で、特定の２種類の事業の課税売上高の合計が全体の課税売上高の75％以上を占める場合には、その２種類の事業のうち、みなし仕入率の高い方の事業に係る課税売上高については、そのみなし仕入率を適用し、それ以外の課税売上高については、その２種類の事業のうち低い方のみなし仕入率をその事業以外の課税売上高に適用することができます。

例えば、３種類以上の事業を営む事業者の第１種事業及び第２種事業に係る課税売上高の合計が全体の課税売上高の75％以上を占める場合の計算式は次のとおりです。

イ　原則法

（算式）

仕入控除税額＝

（課税標準額に対する消費税額－売上げに係る対価の返還等の金額に係る消費税額）

$$\times \frac{\text{第1種事業に係る消費税額} \times 90\% + \left(\text{売上げに係る消費税額} - \text{第1種事業に係る消費税額}\right) \times 80\%}{\text{売上げに係る消費税額}}$$

ロ　簡便法

次のA及びBのいずれにも該当しない場合は、次の算式により計算することができます。

A　貸倒回収額がある場合

B　売上対価の返還等がある場合で、各種事業に係る消費税額からそれぞれの事業の売上対価の返還等に係る消費税額を控除して控除しきれない場合

（算式）

仕入控除税額＝

$$\text{第1種事業に係る消費税額} \times 90\% + \left(\text{売上げに係る消費税額} - \text{第1種事業に係る消費税額}\right) \times 80\%$$

(3)　事業区分をしていない場合の取扱い

2種類以上の事業を営む事業者が課税売上げを事業ごとに区分していない場合には、この区分をしていない部分については、その区分していない事業のうち一番低いみなし仕入率を適用して仕入控除税額を計算します。

（参考）簡易課税制度の事業区分の表

事業区分	みなし仕入率	該当する事業
第１種事業	90％	・卸売業（他の者から購入した商品をその性質、形状を変更しないで他の事業者に対して販売する事業）をいいます。
第２種事業	80％	・小売業（他の者から購入した商品をその性質、形状を変更しないで販売する事業で第１種事業以外のもの）をいいます。 ・農業、林業、漁業のうち、消費税の軽減税率が適用される飲食料品の譲渡
第３種事業	70％	・農業（※）、林業（※）、漁業（※）、鉱業、建設業、製造業（製造小売業を含みます。）、電気業、ガス業、熱供給業及び水道業をいい、第１種事業、第２種事業に該当するもの及び加工賃その他これに類する料金を対価とする役務の提供を除きます。 ※　第２種事業以外のものをいいます。
第４種事業	60％	・第１種事業、第２種事業、第３種事業、第５種事業及び第６種事業以外の事業をいい、具体的には、飲食店業などです。 　なお、第３種事業から除かれる加工賃その他これに類する料金を対価とする役務の提供を行う事業も第４種事業となります。
第５種事業	50％	・運輸通信業、金融・保険業、サービス業（飲食店業に該当する事業を除きます。）をいい、第１種事業から第３種事業までの事業に該当する事業を除きます。
第６種事業	40％	・不動産業

3　免税事業者は課税事業者となることができるか

問 消費税の免税事業者が課税事業者となることを選択することができますか。

〔**回答**〕 免税事業者の方でも、所定の手続により課税事業者となることを選択できます。

〔**解説**〕 消費税は、①課税売上げに係る消費税額から、②課税仕入れ等に係る消費税額を控除して計算します。この計算により、①課税売上げに係る消費税額よりも、②課税仕入れ等に係る消費税額の金額が多い場合には、その差額の還付を受けることができます。

しかしながら、基準期間の課税売上高が1,000万円以下の事業者は、納税義務が免除される免税事業者とされ、消費税の申告書を提出することができず、還付を受けることはできません。

こうした免税事業者の方でも、その課税期間において大型農業用機械の購入等の予定のある方は、課税売上げよりも課税仕入れが上回る場合も考えられます。このような場合には、あらかじめ課税事業者となることを選択し、帳簿等を備え付け、これを適正に記帳する等の課税事業者としての手続を踏めば、確定申告の際に控除不足額の還付が受けられます。

課税事業者となることを選択する場合には、適用を受けようとする課税期間の開始の日の前日（個人事業者の場合は前年12月31日）までに、納税地を所轄する税務署長に納税義務の免除を受けない旨の「消費税課税事業者選択届出書」（資料16）を提出することが必要です（消法9④）。

なお、この届出書を提出した事業者は、事業廃止の場合を除き、課税選択によって納税義務者となった最初の課税期間を含めた2年間は免税事業者に戻ることはできません（消法９⑥）。

また、この届出書を提出し、課税事業者となった課税期間の初日から２年を経過する日までの間に開始した各課税期間中に、調整対象固定資産の課税仕入れを行い、かつ、その仕入れた日の属する課税期間の消費税の確定申告を一般課税で行う場合、調整対象固定資産の課税仕入れを行った日の属する課税期間の初日から原則として３年間は、免税事業者となることはできません（消法９⑦）。また、簡易課税制度を適用して申告することもできません（消法37②）。

4　消費税の経理方式

問　消費税の経理処理には、税込経理方式と税抜経理方式があると聞きましたが、どのように違うのか教えてください。

〔回答〕　消費税の経理処理方式（税込経理方式と税抜経理方式）の違いは次のとおりです。

〔解説〕　消費税及び地方消費税の会計処理については、①消費税額及び地方消費税額を売上高及び仕入高に含めて処理する方法（税込経理方式）と、②消費税額及び地方消費税額を売上高及び仕入高に含めないで区分して処理する方法（税抜経理方式・取引の都度区分する方法と期末に一括区分する方法）がありますが、これらの経理の方法（税込経理方式又は税抜経理方式）は、どちらを選択してもよいこととされています（注1）。

税込経理方式による場合は、課税売上げに係る消費税等の額は売上金額、仕入れに係る消費税等の額は仕入金額などに含めて計上し、消費税等の納付税額は租税公課として必要経費又は損金の額に算入します。

税抜経理方式による場合は、課税売上げに係る消費税等の額は仮受消費税等とし、課税仕入れに係る消費税等の額については仮払消費税等とします。

なお、消費税の納税義務が免除されている免税事業者は、税込経理方式によります。

(参考)

2つの会計処理の方法の概要は、次のとおりです。

区　分	①　税込処理方式	②　税抜処理方式
特　徴	売上げ又は仕入れに係る消費税額及び地方消費税額は、売上金額、資産の取得価額又は経費等の金額に含まれるため、事業の損益は消費税及び地方消費税によって影響されますが、税抜計算の手数が省けます。	売上げ又は仕入れに係る消費税額及び地方消費税額は、仮受消費税等、又は仮払消費税等とされ、事業者を通り過ぎるだけの税金にすぎないため、事業の損益は消費税及び地方消費税によって影響されませんが、税抜計算の手数が掛かります。
売上げに係る消費税額等	売上げに含めて収益として計上します。	仮受消費税等とします。
仕入れに係る消費税額等	仕入金額、資産の取得価額又は経費等の金額に含めて計上します。	仮払消費税等とします。(注2)
納付税額	租税公課として損金（必要経費）に算入します。	仮受消費税等から仮払消費税等を控除した金額を支出とし、損益には関係させません。
還付税額	雑収入として益金（収入金額）に算入します。	仮払消費税等から仮受消費税等を控除した金額を入金とし、損益には関係させません。

(注) 1　消費税の免税事業者については、税込経理方式によることになります。

2　課税売上割合が95%未満である事業者については、期末において次の処理を行います。

(1)　仮払消費税等を控除対象消費税額等と控除対象外消費税額等とに区分し控除対象消費税額等については仮受消費税等から控除します。

(2)　控除対象外消費税額等については、繰延消費税額等として5年間以上で損金の額（必要経費の額）に算入します（個々の資産の取得価額に含めて計上することができる場合もあります。)。

ただし、次のものについては、個人事業者の必要経費となります(法人の場合は、損金とし、交際費に係るものは、交際費の損金算入限度額の計算上、支出交際費の額に加算します。)。

イ　その課税期間の課税売上割合が80％以上である場合における控除対象外消費税額等

ロ　20万円未満の控除対象外消費額等（個々の資産ごとに判定します。)

ハ　棚卸資産及び経費に係る控除対象外消費税額等

○　具体的な仕訳例

令和２年10月１日に、農家が工務店から農機具（備品、標準税率10％が適用されるもの）を現金で7,000円（税抜き）で購入し、農作物（軽減税率８％が適用されるもの）をJAに100,000円（税抜き）で現金で販売した場合

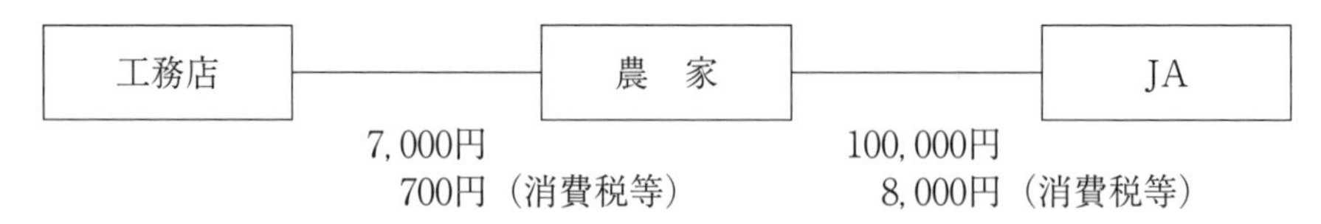

1　税抜経理方式

(1)　備品購入時

（借方）	備品	7,000円	（貸方）現金	7,700円
	仮払消費税等	700円		

(2)　売上時

（借方）	現金	108,000円	（貸方）売上	100,000円
			仮受消費税等	8,000円

2　税込経理方式

(1)　仕入時

(借方) 仕入	7,700円	(貸方) 現金	7,700円

(2)　売上時

(借方) 現金	108,000円	(貸方) 売上	108,000円

5　高額特定資産の取得と消費税の納税義務

問　私はこれまで消費税の課税事業者（一般課税）として申告をしてきましたが、本年は、1,500万円の農機具を購入して収穫高の増加を見込んだものの、天候等に恵まれず、昨年に引き続き、収入金額は1,000万円を下回りそうです。

本年分の消費税の申告はいたしますが、来年分の申告は、基準期間の売上高が1,000万円以下となっても必要でしょうか。

〔回答〕　一般課税による消費税の課税期間中に高額特定資産を購入していますので、高額特定資産を取得した場合の特例の適用を受けることとなり、消費税の申告が必要です。

また、「高額特定資産の取得等に係る課税事業者である旨の届出書」を税務署長に提出する必要がありますので、ご注意ください。

〔解説〕　事業者が、事業者免税点制度及び簡易課税制度の適用を受けない課税期間中に高額特定資産（注1）の仕入れ等を行った場合には、当該高額特定資産の仕入れ等の日の属する課税期間の翌課税期間から当該高額特定資産の仕入れ等の日の属する課税期間の初日以後3年を経過する日の属する課税期間までの各課税期間においては、事業者免税点制度の適用及び簡易課税制度を選択して申告することができません。これを「高額特定資産を取得した場合等の納税義務の免除の特例」といいます（消法12の4、消令25の5）。

（注）1　「高額特定資産」とは、一の取引の単位につき、課税仕入れに係る支払対価の額（税抜き）が1,000万円以上の棚卸資産又は調整対象固定資産をいいます。

2　「高額特定資産を取得した場合等の特例」の適用を受ける課税期間の基準期間における課税売上高が1,000万円以下となった場合は、「高額特定資産の取得等に係る課税事業者である旨の届出書」を税務署長に提出する必要（消費税課税事業者選択届出書を提出している方を除きます。）があります（消法57①２の２）。

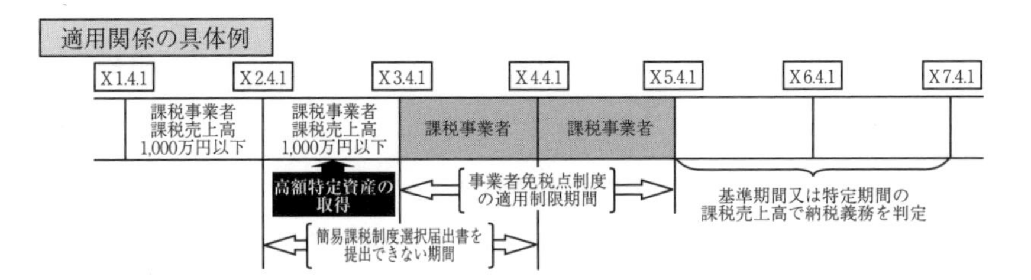

6　家事消費又は事業消費した場合

問　米や野菜などを家庭用として消費（家事消費）しました。所得税では、農業所得の計算上、収入金額に算入するとのことですが、消費税は課税されるのでしょうか。

　また、収穫した農産物を種苗用として事業用として消費（事業消費）した場合はどうでしょうか。

〔回答〕　家事消費の場合は、通常の販売価額が消費税の課税売上げとなります。また、事業消費の場合は、消費税の課税売上げにはなりません。

〔解説〕

1　家事消費

　米や野菜などの自己の生産物を他人に販売せずに、家庭用として消費することを家事消費といいます。

　家事消費した場合には、所得税における取扱いは、農業所得の計算上、総収入金額に算入することとされており、その金額は、通常の販売価額（時価）の70％以上の金額で総収入金額に算入することが認められています（所法39、40、所基通39―１、39―２）。

　一方、消費税の取扱いは、課税対象となることは所得税と同じですが、課税対象となる金額は、原則として家事消費したものを通常の販売価格（時価）で評価した金額が課税売上げとみなされます（消法４④一、28②一）。

2　事業消費

　収穫した農産物を種苗用等として事業消費したとしても、課税売上げにも課税仕入れにも該当しませんので、消費税の計算には影響しません。

7　農業以外の収入がある場合

①　一般的な考え方

問　農業による収入以外に他の収入がある場合の課税売上げはどうなるのですか。

〔回答〕　農業による収入以外に他の収入がある場合には、原則としてその収入も消費税の課税売上げとなります。

〔解説〕　例えば、農産物を販売する一方で、飲み物の自動販売機の設置や建物の貸付けをしているなど、農業以外に収入がある場合には、その収入も原則として課税売上げとなります（家庭用資産の販売など事業として行われていない場合や土地などの非課税となる資産の譲渡などによる収入を除きます。）。

したがって、課税売上高が1,000万円超になるかどうかは、農業に係る課税売上げにその他の収入に係る課税売上げを加えた合計額で判定することとなります。

特定期間における給与等支払額の合計額が1,000万円超になるかどうかについても、その収入を得るための事業において給与等の支払をしている場合には、これらの給与等の支払額を合計して判定することになります。

②　生活用資産を譲渡した場合

問　個人事業者がゴルフ会員権を譲渡した場合、課税の対象となるのでしょうか。

〔**回答**〕　ゴルフ会員権の譲渡は、原則として、消費税の課税対象になりません。

〔**解説**〕　個人事業者が所有するゴルフ会員権は、会員権販売業者が保有している場合には棚卸資産に当たり、その譲渡は課税の対象となりますが、その他の個人事業者が保有している場合には生活用資産に当たり、その譲渡は課税の対象となりません。

③　農業用（事業用）資産を譲渡した場合

問　農業に使用していた建物や機械、車両等を売却した場合は課税されるのでしょうか。

〔回答〕　農業用（事業用）資産の譲渡は、消費税の課税対象になります。

〔解説〕　消費税の課税の対象となる取引は、「国内において事業者が事業として対価を得て行う資産の譲渡等」です。また、その性質上事業に付随して対価を得て行われる資産の譲渡等も含まれます。

したがって、農産物の売却だけでなく農業に使用していた建物や機械、車両等の事業用資産の譲渡についても課税されます。

例えば、トラクターや脱穀機の譲渡は、消費税の課税の対象となります。

④　農業用（事業用）及び家事用の両方に使用している資産を売却した場合

問　農業と家事の用途に共通して使用されるものを売却した場合の課税関係はどうなるのでしょうか。

〔回答〕　農業（事業）と家事の用途に共通して使用される資産を譲渡した場合、その資産の農業用（事業用）の部分については、消費税の課税の対象となります。

〔解説〕　消費税の課税の対象となる取引は、「国内において事業者が事業として対価を得て行う資産の譲渡等」です。また、その性質上事業に付随して対価を得て行われる資産の譲渡等も含まれます。

資産の中には、例えば次のように農業用（事業用）と家事用の用途に共通して使用されるものがあります。

①　建物の1階部分を工場や農業用資材の倉庫として使用し、2階部分を個人の住宅として使用している場合

②　昼は事業用、夜は家庭用として使用している電話に係る電話加入権

農業（事業）と家事の用途に共通して使用される資産であっても、譲渡すれば農業用（事業用）の部分については課税の対象となります（按分）。

ただし、②の課税標準は、当該課税資産の譲渡等の対価の額の全額となります。

⑤　耕作権の譲渡

問　耕作権を譲渡しましたが、消費税は課税されるのでしょうか。

〔**回答**〕　耕作権を譲渡しても、消費税は非課税となります。

〔**解説**〕　消費税は、国内において事業者が事業として対価を得て行われる取引を課税の対象としています。

　しかし、これらの取引であっても消費に負担を求める税としての性格から課税の対象としてなじまないものや社会政策的配慮から、課税しない非課税取引が定められています。

　土地の譲渡及び貸付けは、法令上、非課税となる取引として規定されており、耕作権は土地の上に存する権利ですので、その譲渡をしても消費税は非課税となります。

⑥　電柱の使用料

問　電柱に広告物を取り付ける場合に収受する電柱の使用料は非課税となりますか。

〔**回答**〕　電柱を広告等のために使用させる場合に収受する電柱の使用料は、消費税の課税の対象となります。

〔**解説**〕　消費税は、国内において事業者が事業として対価を得て行われる取引を課税の対象としています。

しかし、これらの取引であっても消費に負担を求める税としての性格から課税の対象としてなじまないものや社会政策的配慮から、課税しない非課税取引が定められています。

土地の譲渡及び貸付けは、法令上、非課税となる取引として規定されています。

電柱を広告等のために使用させる場合に収受する電柱の使用料は、電柱の一部の貸付けの対価であり、土地の貸付けに該当しないことから消費税の課税の対象となります。

8　納税義務の成立の時期

①　一般的な考え方

問　農産物を出荷する農家について、消費税の納税義務はいつ発生するのでしょうか。

〔回答〕　消費税の納税義務の成立（発生）は、その取引が国内取引か輸入取引かにより、次のとおりとなります。

〔解説〕

1　国内取引の場合

国内取引の場合には、課税資産の譲渡や貸付け及び役務の提供（以下「課税資産の譲渡等」といいます。）をした時に消費税の納税義務が成立（発生）します。納税義務はその都度成立しますが、申告や納付は課税期間ごとに行います。

課税資産の譲渡等の時期は、原則として、その取引の態様に応じた資産の引渡しの時又は役務の提供の時となります。

その引渡しや役務の提供時期について取引の態様に応じて異なりますが、農産物を出荷する場合には、原則としてその引渡しの日になります。

（注）1　農産物の引渡しが行われる前に、前受金の収受が行われた場合には、前受金の収受の時にかかわらず、現実に課税資産の引渡しをした時が課税資産の譲渡等をした時となります。また、未収金についても代金決済の時期に関係なく、課税資産の引渡しをした時が課税資産の譲渡等をした時となります。

2　青色申告をしている農業所得者の方で、所得税法上の現金主義の適用を受けている小規模事業者は、対価を受領した日を資産の譲渡等の時期とすることができます。

2　輸入取引の場合

輸入取引の場合には、外国貨物を保税地域から引き取る時に消費税の納税義務が成立します。

②　農協を通じて出荷する農産物の譲渡の時期

問　私は、収穫した農産物を農協に販売委託しており、その代金は出荷時に販売見込価額の一部について概算払を受け、販売が終了した後に精算が行われます。

　この場合に、秋から冬にかけて出荷した農産物の最終精算は、年を越して翌年になることがありますが、この場合の課税売上高の計上時期について教えてください。

〔回答〕　概算金を本年の課税売上げに計上し、精算金については翌年の課税売上げに計上して差し支えありません。

〔解説〕　委託販売の場合、その資産の譲渡等の時期は、原則として受託者がその受託品を譲渡した日であり、売上計算書が発行されているような場合は継続適用により売上計算書の到着日とすることが認められています（消費税法基本通達９－１－３）。

　質問のような農産物については、その取引の特殊性に鑑み、継続適用を条件に、概算金、精算金をそれぞれ受け取った日に課税売上げを計上することとして差し支えないこととされています。

③　共同事業の計算期間が構成員の課税期間と異なる場合の取扱い

問　複数の農家が集まり、共同で事業を行っていますが、この事業の計算期間は、４月～３月とされています。

私は、個人で農家を営んでいますので、消費税の課税期間（１月～12月）と共同事業の計算期間が異なっています。

この場合の課税資産の譲渡等の時期及び課税仕入れ等の時期の取扱いはどのようになるのでしょうか。

なお、共同事業は、人格のない社団等又は匿名組合が行う事業には該当しません。

〔回答〕　共同事業（人格のない社団等又は匿名組合が行う事業を除きます。）により行った資産の譲渡等及び課税仕入れ等の計上時期は、次のとおりとなります。

〔解説〕　事業者が組合契約又は民法第674条《組合員の損益分配の割合》の規定により損益分配割合を定め、金銭又は役務を供出して共同で事業を行う場合（人格のない社団等又は匿名組合が行う事業を除きます。）には、当該共同事業に係る資産の譲渡等及び課税仕入れ等については、その構成員（参加者）が損益分配割合に応じて資産の譲渡等及び課税仕入れ等を行ったものとして取り扱われます。

ご質問の共同事業において、各構成員がその持分割合又は利益の分配割合に応じて行ったこととされる資産の譲渡等及び課税仕入れ等の計上時期は、原則として、当該共同事業として資産の譲渡等及び課税仕入れ等を行った時が各構成員における資産の譲渡等及び課税仕入れ等の時期となります。

ただし、各構成員が、当該資産の譲渡等及び課税仕入れ等の時期を、当該共同事業の計算期間（１年以内のものに限ります。）の終了する日の属する各構成員の課税期間において資産の譲渡等及び課税仕入れ等を行ったものとして取り扱っている場合には、これを認めて差し支えありません。

9　課税売上割合の端数処理

問　私は、農産物の出荷による収入と、土地の貸付けによる収入がありますので、課税売上割合を計算しましたが、その割合が94.856……%となりました。

この場合に、小数点以下を四捨五入すると95%となることから、課税仕入等の税額の全額を控除することができるでしょうか。

〔回答〕　課税仕入等の税額の全額を控除することはできません。

〔解説〕　消費税納税額の計算方法は、売上げ等に係る消費税（預かった消費税）から仕入れ等に係る消費税（支払った消費税）を差し引いて算定します。

この仕入れ等に係る消費税を課税仕入れと言いますが、この課税仕入額を計算する際には、「課税売上割合」が95%以上（かつ課税売上高が５億円未満）の場合に限り、全額を課税仕入額とすることができることとされています。

この課税売上割合は、売上げに占める、課税売上げの占める割合のことであり、計算の結果、この割合に端数が生じることがありますが、その端数処理は行わないこととされています（任意の位以下の端数を切り捨てた数値によって計算しても差し支えないこととされています。）。

したがって、ご質問の場合の課税売上割合は100分の95に満たないこととなりますので、課税仕入税額の全額を控除することはできません。

なお、この場合の課税仕入額は、個別対応方式か一括比例配分方式のいずれかの方法によって計算を行うことになります。

10　共済金などの消費税の取扱い

問　農業共済組合から支払われる共済金や農協から支払われる生命共済金などには消費税が課税されるのでしょうか。

〔**回答**〕　農業共済組合から支払われる共済金等は消費税の課税対象外となります。

〔**解説**〕　農業共済組合から支払われる共済金や農協から支払われる生命共済金などは、一定の事故の発生を基因として支払われるものであり、資産の譲渡等の対価ではないので、消費税の課税対象外（不課税）とされています。

なお、農家が農業共済組合へ支払った共済掛金は、生命保険料等と同様に消費税は非課税となりますから、農家の方の課税仕入れとなりません。

11　補助金により取得した固定資産の課税仕入れの額

問　補助金により取得した固定資産については、課税仕入れの額は補助金控除前の当初の取得価額でしょうか、それとも補助金控除後の価額でしょうか。

〔回答〕　課税仕入れの額は、当初の取得価額となります。

〔解説〕　補助金は、対価性がありませんので消費税の課税対象外とされていますが、この補助金で固定資産（非課税とされている土地等を除きます。）を取得した場合でも、補助金控除前のその資産の取得価額そのものが課税仕入れの額となります。

例えば1,000万円の施設を補助金500万円、自己資金500万円で建てた場合の消費税の課税仕入れの額は補助金控除前のその資産の取得価額である1,000万円となります。

12　肉用牛の売却は消費税ではどのように取り扱われるか

問　肉用牛を一定の要件の下で売却した場合には、所得税は免税となります。同じ要件の下で肉用牛を売却した場合には、消費税も免税となるのでしょうか。

〔回答〕　所得税では免税対象とされている肉用牛の売却も、消費税では、課税の対象となります。

〔解説〕

1　肉用牛を家畜市場や中央卸売市場等を通じて売却した場合、1頭当たりの売却価格が100万円未満（交雑種に該当する場合には80万円未満、乳用種に該当する場合には50万円未満）である等の要件を満たすときには、法令上、その売却に係る所得税を免税とする特例措置が設けられています(措法25①)。

2　しかし、消費税については、このような特例措置は設けられておらず、所得税では免税措置が講じられている肉用牛の売却であっても、消費税については課税対象となります。

13　任意の生産組合を作って農産物の生産や販売を行っている場合の消費税の取扱い

問　農家が任意の生産組合を作って農産物の生産や販売を行っている場合は、消費税はどのように取り扱われますか。

〔回答〕　任意の生産組合を作って農産物の生産・販売を行っている場合の消費税の取扱いは、その組合が法人格を持つか否かで異なります。

〔解説〕

1　生産組合が法人格を持たない場合

生産組合が法人格を持たない場合には、その組織は、原則として農業者の単なる集合体であり、生産組合を構成する個別の農業者が共同事業を行っているものと考えられます。

したがって、販売活動の結果としての売上げや生産活動のために行った仕入れは、いずれも生産組合の各構成員が行ったものとして、消費税及び地方消費税の申告・納付を行うこととなります。

2　生産組合が法人格を持つ場合

生産組合が法人格を持つ場合には、その組織自体が事業を行っているものと考えられます。

したがって、販売活動の結果としての売上げや生産活動のために行った仕入れは、その生産組合が一つの法人として行ったものとして、消費税及び地方消費税の申告・納付を行うこととなります。

14　消費税に関する主な届出書

問　消費税に関する届出について教えてください。

〔回答〕　消費税に関する届出の主なものは次のとおりです。

〔解説〕

届出書名	届出が必要な場合	提出期限
消費税課税事業者届出書（基準期間用）	基準期間における課税売上高が1,000万円を超えたことにより課税事業者となる場合	事由が生じた場合、速やかに
消費税課税事業者届出書（特定期間用）	基準期間における課税売上高が1,000万円以下である事業者が、特定期間における課税売上高が1,000万円を超えたことにより課税事業者となる場合 なお、課税売上高に代えて給与等支払額の合計額により判定することもできます。（注１）	事由が生じた場合、速やかに
消費税の納税義務者でなくなった旨の届出書	基準期間における課税売上高が1,000万円以下となったことにより免税事業者となる場合	事由が生じた場合、速やかに
消費税簡易課税制度選択届出書	簡易課税制度を選択しようとする場合（注２）	適用を受けようとする課税期間の初日の前日まで（注６、７、９、11）
消費税簡易課税制度選択不適用届出書	簡易課税制度の選択をやめようとする場合（注３）	適用をやめようとする課税期間の初日の前日まで（注６、９）

届出書名	届出が必要な場合	提出期限
消費税課税事業者選択届出書	免税事業者が課税事業者になることを選択する場合	適用を受けようとする課税期間の初日の前日まで（注6、7、9）
消費税課税事業者選択不適用届出書	課税事業者を選択していた事業者が選択をやめよう（免税事業者に戻ろう）とする場合（注4）	免税事業者に戻ろうとする課税期間の初日の前日まで（注6、9）
消費税課税期間特例選択・変更届出書	課税期間の特例を選択又は変更しようとするとき	適用を受けようとする課税期間の初日の前日まで（注6、8）
消費税課税期間特例選択不適用届出書	課税期間の特例の適用をやめようとするとき（注5）	適用をやめようとする課税期間の初日の前日まで（注6）
高額特定資産の取得に係る課税事業者である旨の届出書	高額特定資産の仕入れ等を行ったことにより、基準期間の課税売上げが1,000万円以下となった課税期間にも課税事業者となるとき	事由が生じた場合、速やかに
任意の中間申告書を提出する旨の届出書	任意の中間申告制度を適用しようとするとき（注10）	適用を受けようとする6月中間申告対象期間の末日まで（注6）
任意の中間申告書を提出することの取りやめ届出書	任意の中間申告制度の適用をやめようとするとき（注10）	適用をやめようとする6月中間申告対象期間の末日まで（注6）
事業廃止届出書	課税事業者が事業を廃止した場合	事由が生じた場合、速やかに
消費税異動届出書	消費税の納税地等に異動があった場合	事由が生じた場合、速やかに
個人事業者の死亡届出書	個人の課税事業者が死亡した場合	事由が生じた場合、速やかに

（注）1　特定期間とは、個人事業者の場合は、その年の前年の1月1日から

6月30日までの期間をいいます。

2　高額特定資産（※）の仕入れ等を行ったなどの場合には、一定期間「消費税簡易課税制度選択届出書」を提出できないときがあります。

※「高額特定資産」とは、一の取引の単位につき、課税仕入れに係る支払対価の額（税抜き）が1,000万円以上の棚卸資産又は調整対象固定資産をいいます。

3　消費税簡易課税制度選択届出書を提出した場合には、原則として、適用を開始した課税期間の初日から2年を経過する日の属する課税期間の初日以後でなければ、適用をやめようとする旨の届出書を提出することができません。

ただし、災害その他やむを得ない事由（新型コロナウイルス感染症の拡大による影響を含みます。）が生じたことにより被害を受けた事業者が、その被害を受けたことにより、簡易課税制度を選択する必要がなくなった場合には、所轄税務署長の承認を受けることにより、災害等の生じた日の属する課税期間等から簡易課税制度の適用をやめることができます。

4　消費税課税事業者選択届出書を提出した場合には、原則として、適用を開始した課税期間の初日から2年（一定の要件に該当する場合には3年）を経過する日の属する課税期間の初日以後でなければ、適用をやめようとする旨の届出書を提出することができません。

5　消費税課税期間特例選択届出書を提出した場合には、原則として、適用を開始した課税期間の初日から2年を経過する日の属する課税期間の初日以後でなければ、適用をやめようとする旨の届出書を提出することができません。

6　提出期限等が課税期間の初日の前日までとされている届出書については、該当日が日曜日等の国民の休日に当たる場合であっても、その日までに提出がなければそれぞれの規定の適用を受けることができませんのでご注意ください。

ただし、これらの届出書が郵便又は信書便により提出された場合には、その郵便物又は信書便物の通信日付印により表示された日に提出されたものとみなされます。

7　事業を開始した日の属する課税期間から消費税簡易課税制度選択届出書又は消費税課税事業者選択届出書に係る制度を選択する場合には、これらの届出書をその事業を開始した日の属する課税期間の終了の日までに提出すれば、その課税期間から選択することができます。

8　事業を開始した日の属する課税期間から、課税期間の短縮の特例制度を選択する場合には、消費税課税期間特例選択届出書をその事業を開始した日の属する課税期間の末日までに提出すれば、その期間から選択できます。

9　やむを得ない事情があるため、適用を受けようとする課税期間の初日の前日までに提出できなかった場合には、提出できなかった事情などを記載した申請書を、やむを得ない事情がやんだ日から2か月以内に所轄税務署長に提出し、承認を受けることにより、その課税期間の初日の前日にこれらの届出書を提出したものとみなされます。

10　直前の課税期間の確定消費税額（地方消費税額を含まない年税額）が48万円以下の事業者（中間申告義務のない事業者）でも、任意に中間申告書を提出することができます。

11　令和元年10月1日から令和2年9月30日までの日を含む課税期間で、仕入れを税率ごとに区分することが困難な中小事業者は、消費税簡易課税制度選択届出書を適用しようとする課税期間中に提出すれば、その期間から選択できます。

第3部

資料編

1

各種申請書・届出書

資料1　所得税の青色申告承認申請書（様式）

税務署受付印

1	0	9	0

所得税の青色申告承認申請書

＿＿＿＿＿＿税務署長

＿＿年＿＿月＿＿日提出

納税地	○住所地・○居所地・○事業所等（該当するものを選択してください。） （〒　　－　　） （TEL　－　－　）		
上記以外の住所地・事業所等	納税地以外に住所地・事業所等がある場合は記載します。 （〒　　－　　） （TEL　－　－　）		
フリガナ 氏名	㊞	生年月日	○大正 ○昭和 ○平成 ○令和　年　月　日生
職業		フリガナ 屋号	

令和＿＿年分以後の所得税の申告は、青色申告書によりたいので申請します。

1　事業所又は所得の基因となる資産の名称及びその所在地（事業所又は資産の異なるごとに記載します。）

名称＿＿＿＿＿＿＿＿　所在地＿＿＿＿＿＿＿＿

名称＿＿＿＿＿＿＿＿　所在地＿＿＿＿＿＿＿＿

2　所得の種類（該当する事項を選択してください。）

○事業所得　・○不動産所得　・○山林所得

3　いままでに青色申告承認の取消しを受けたこと又は取りやめをしたことの有無

(1)　○有（○取消し・○取りやめ）　＿＿年＿＿月＿＿日　(2)　○無

4　本年1月16日以後新たに業務を開始した場合、その開始した年月日　＿＿年＿＿月＿＿日

5　相続による事業承継の有無

(1)　○有　相続開始年月日　＿＿年＿＿月＿＿日　被相続人の氏名＿＿＿＿＿＿　(2)　○無

6　その他参考事項

(1)　簿記方式（青色申告のための簿記の方法のうち、該当するものを選択してください。）

○複式簿記・○簡易簿記・○その他（　　　　）

(2)　備付帳簿名（青色申告のため備付ける帳簿名を選択してください。）

○現金出納帳・○売掛帳・○買掛帳・○経費帳・○固定資産台帳・○預金出納帳・○手形記入帳
○債権債務記入帳・○総勘定元帳・○仕訳帳・○入金伝票・○出金伝票・○振替伝票・○現金式簡易帳簿・○その他

(3)　その他

関与税理士

（TEL　－　－　）

税務署整理欄	整理番号	関係部門連絡	A	B	C		
	0						
	通信日付印の年月日	確認印					
	年　月　日						

書　き　方

1　この申請書は、所得税の青色申告の承認を受けようとする場合に提出するものです。

2　この申請書は、最初に青色申告をしようとする年の3月15日まで（本年の1月16日以後、新たに事業を開始したり不動産の貸付けをした場合には、その事業開始等の日から2か月以内）に提出してください。

ただし、青色申告の承認を受けていた被相続人の事業を相続により承継した場合は、相続を開始した日の時期に応じて、それぞれ次の期限までに提出してください。

① 相続を開始した日がその年の1月1日から8月31日までの場合・・・相続を開始した日から4か月以内

② 相続を開始した日がその年の9月1日から10月31日までの場合・・・その年の12月31日まで

③ 相続を開始した日がその年の11月1日から12月31日までの場合・・・その年の翌年の2月15日まで

なお、提出期限が土・日曜日・祝日等に当たる場合は、これらの日の翌日が期限となります。

3　現金式簡易簿記の方法により青色申告をしようとする人は、この申請書によらず、所得税の青色申告承認申請と現金主義の所得計算による旨の届出が同時にできる、別の「所得税の青色申告承認申請書、現金主義の所得計算による旨の届出書」の様式によって提出してください。なお、現金主義の方法による所得計算が認められる人は、この方法によろうとする年の前々年分の所得金額（事業所得と不動産所得の金額の合計額）が300万円以下の人に限られています。

4　この申請書の次の欄は、次のように記載します。

(1)　「職業」欄には、職業の内容を具体的に、たとえば「洋菓子小売」などと記載します。

(2)　「1　事業所又は所得の基因となる資産の名称及びその所在地」欄には、事業所や資産の名称、例えば、「本店」、「○○支店」、「○○出張所」、「○○荘」、「山林」とその名称とその所在地や電話番号を書きます。記載しきれないときは適宜の用紙に記載して添付してください。

(3)　「3　いままでに青色申告承認の取消しを受けたこと又は取りやめをしたことの有無」欄には、今までに青色申告承認の取消しを受けたり取りやめの届出をしたことのある場合は、(1)の有と該当する事項を○で囲み、取消しの通知のあった日又は取りやめの届出をした日の年月日を記載します。

(1)に該当しない場合は、(2)の無を○で囲んでください。

なお、取消しの通知のあった日又は取りやめの届出をした日から1年以内は、申請が却下されることがあります。

(4)　「4　本年1月16日以後新たに業務を開始した場合、その開始した年月日」欄には、最初に青色申告をしようとする年の1月 16 日以後に開業した場合又は相続により事業の承継があった場合にその開業等の年月日を記載します。

(5)　「5　相続による事業承継の有無」欄には、相続により事業の承継があった場合は、(1)の有を○で囲み、相続を開始した日の年月日及び被相続人の氏名を記載します。

(1)に該当しない場合は、(2)の無を○で囲んでください。

5　お分かりにならないことがありましたら、税務署にご相談ください。

資料2　所得税の青色申告承認申請書（兼）現金主義の所得計算による旨の届出書（様式）

税務署受付印

1	1	0	0

所得税の青色申告承認申請書
現金主義の所得計算による旨の届出書

＿＿＿＿税務署長

＿＿年＿＿月＿＿日提出

納税地	住所地・居所地・事業所等（該当するものを○で囲んでください。） （〒　－　） （TEL　－　－　）			
上記以外の住所地・事業所等	納税地以外に住所地・事業所等がある場合は記載します。 （〒　－　） （TEL　－　－　）			
フリガナ		生年月日	大正 昭和 平成 令和	年　月　日生
氏名	㊞			
職業		フリガナ		
		屋号		

令和＿＿年分以後の所得税の申告は、青色申告書によりたいので申請します。
なお、この申請が認められた場合は、不動産所得及び事業所得の金額の計算について「現金主義による所得計算の特例」の適用を受けることとしたいので、あわせて届けます。

1　事業所又は所得の基因となる資産の名称及びその所在地（事業所又は資産の異なるごとに記載します。）

名称＿＿＿＿＿＿＿＿　所在地＿＿＿＿＿＿＿＿＿＿

名称＿＿＿＿＿＿＿＿　所在地＿＿＿＿＿＿＿＿＿＿

2　いままでに青色申告承認の取消しを受けたこと又は取りやめをしたことの有無

⑴　有（取消し・取りやめ）　＿＿年＿＿月＿＿日　⑵　無

3　本年1月16日以後新たに業務を開始した場合、その開始した年月日　＿＿年＿＿月＿＿日

4　相続による事業承継の有無

⑴　有　相続開始年月日　＿＿年＿＿月＿＿日　被相続人の氏名＿＿＿＿＿＿　⑵　無

5　現金主義による所得計算の特例を受けようとする年の前々年分の所得（前年12月31日現在で記載します。）

⑴　不動産所得の金額＿＿＿＿円　＋　事業専従者控除額＿＿＿＿円　＝　＿＿＿＿円（赤字のときは0）

⑵　事業所得の金額＿＿＿＿円　＋　事業専従者控除額＿＿＿＿円　＝　＿＿＿＿円（赤字のときは0）

⑶　⑴　＋　⑵　＝＿＿＿＿円

6　現金主義による所得計算の特例の適用を受けようとする年の前年12月31日（年の中途で開業した人は、その開業の日）現在の売掛金、買掛金等の資産負債の額（裏面の記載欄に記載します。）

7　その他参考事項

⑴　備付帳簿名　現金式簡易帳簿　その他（　　　）

⑵　その他

関与税理士
（TEL　－　－　）

税務署整理欄	整理番号	関係部門連絡	A	B	C		
	0						
	通信日付印の年月日	確認印					
	年　月　日						

売掛金・買掛金等の資産負債の額(　　　年　　月　　日現在)			
資　　産		負　　債	
売掛金 (未収入金を含む。)	円	買掛金	円
受取手形		支払手形	
棚卸資産		前受金	
前払費用		未払費用	
計		計	

書き方

1　この申請（届出）書は、不動産所得及び事業所得の金額を現金主義によって計算することを選択して青色申告をしようとする場合に提出するものです。

2　この申請（届出）書は、青色申告をしようとする年の3月15日まで（その年の1月16日以後に開業した人は、開業の日から2か月以内）に提出してください。

ただし、青色申告の承認を受けていた被相続人の事業を相続により承継した場合は、相続を開始した日の時期に応じて、それぞれ次の期限までに提出してください。

①　相続を開始した日がその年の1月1日から8月31日までの場合…相続を開始した日から4か月以内

②　相続を開始した日がその年の9月1日から10月31日までの場合…その年の12月31日まで

③　相続を開始した日がその年の11月1日から12月31日までの場合…その年の翌年の2月15日まで

なお、提出期限が土・日曜日・祝日等に当たる場合は、これらの日の翌日が期限となります。

3　表面の2の(1)に該当する人は、取消しを受けた日又は取りやめをした日から1年以内は、申請が却下されることがあります。

4　この申請（届出）書を提出できる人は、表面の5の(3)の金額が300万円以下の人に限られています。

5　表面の5の(3)の金額が300万円を超える人が青色申告の承認申請をする場合や、今までに現金主義による所得計算の特例を受けたことのある人が再び青色申告の承認申請をする場合は、この申請（届出）書ではなく、別の青色申告承認申請書を使用してください。

6　上の表の売掛金・買掛金等の金額（売上や仕入、経費に関係のあるもの）は、現金主義の所得計算から通常の所得計算に切り替えるときに、調整するために必要なものですから、よく調べて正確に記載します。

資料3　青色事業専従者給与に関する届出（変更届出）書（様式）

税務署受付印

1120

青色事業専従者給与に関する ○届出 ○変更届出 書

______税務署長

___年___月___日提出

納税地	○住所地・○居所地・○事業所等（該当するものを選択してください。） (〒　－　) (TEL　－　－　)
上記以外の住所地・事業所等	納税地以外に住所地・事業所等がある場合は記載します。 (〒　－　) (TEL　－　－　)
フリガナ	
氏名	㊞　生年月日 ○大正 ○昭和 ○平成 ○令和　年　月　日生
職業	フリガナ　屋号

___年___月以後の青色事業専従者給与の支給に関しては次のとおり ○定めた ○変更することとした ので届けます。

1　青色事業専従者給与（裏面の書き方をお読みください。）

	専従者の氏名	続柄	年齢／経験年数	仕事の内容・従事の程度	資格等	給料 支給期	給料 金額（月額）	賞与 支給期	賞与 支給の基準（金額）	昇給の基準
1			歳／年				円			
2										
3										

2　その他参考事項（他の職業の併有等）

3　変更理由（変更届出書を提出する場合、その理由を具体的に記載します。）

4　使用人の給与（この欄は、この届出（変更）書の提出日の現況で記載します。）

	使用人の氏名	性別	年齢／経験年数	仕事の内容・従事の程度	資格等	給料 支給期	給料 金額（月額）	賞与 支給期	賞与 支給の基準（金額）	昇給の基準
1			歳／年				円			
2										
3										
4										

※ 別に給与規程を定めているときは、その写しを添付してください。

関与税理士

(TEL　－　－　)

税務署整理欄	整理番号	関係部門連絡	A	B	C		
	0						
	通信日付印の年月日		確認印				
	青色専従給与届出書　年　月　日						

書き方

1　その年分以後の各年分の青色事業専従者給与額を必要経費に算入しようとする青色申告者（その年に新たに青色申告承認申請書を提出した人を含む。）は、この届出書をその年の3月15日まで（その年の1月16日以後に開業した人や新たに専従者がいることとなった人は、その開業の日や専従者がいることとなった日から2か月以内）に税務署に提出してください。

なお、この届出書に記載した専従者給与の金額の基準を変更する場合（給与規程を変更する場合、通常の昇給のわくを超えて給与を増額する場合など）や新たに専従者が加わった場合には、遅滞なく変更届出書を提出してください。

2　必要経費となる青色事業専従者給与額は、支給した給与の金額が次の状況からみて相当と認められるもので、しかも、この届出書に記載した金額の範囲内のものに限られます。

(1)　専従者の労務に従事した期間、労務の性質及びその程度

(2)　あなたの事業に従事する他の使用人の給与及び同種同規模の事業に従事する者の給与の状況

(3)　事業の種類・規模及び収益の状況

3　「1　青色事業専従者給与」の欄は、次の記載例を参考として記載します。

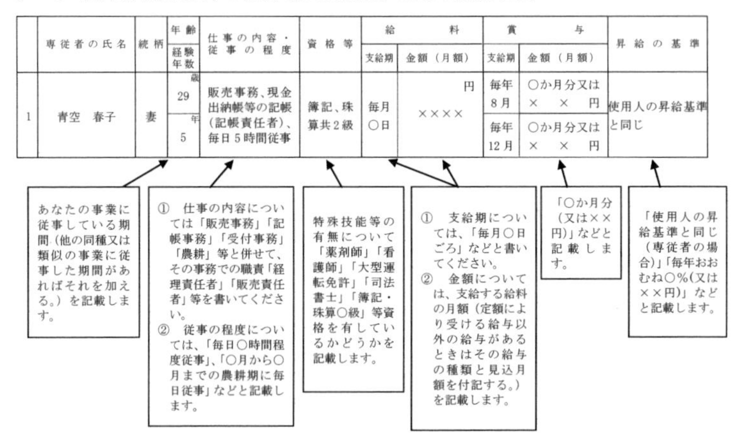

	専従者の氏名	続柄	年齢／経験年数	仕事の内容・従事の程度	資格等	給料 支給期	給料 金額（月額）	賞与 支給期	賞与 金額（月額）	昇給の基準
1	青空　春子	妻	29歳／5年	販売事務、現金出納帳等の記帳（記帳責任者）、毎日5時間従事	簿記、珠算共2級	毎月○日	××××円	毎年8月 毎年12月	○か月分又は××円 ○か月分又は××円	使用人の昇給基準と同じ

（注）給与規程の「写し」を添付したときは、この「昇給の基準」欄の記載を省略しても差し支えありません。

4　「2　その他参考事項」の欄には、専従者が他に職業を有している場合、就学している場合に「○○（株）取締役」「○○大学夜間部」などと記載します。

5　「4　使用人の給与」欄は、使用人のうち専従者の仕事と類似する仕事に従事する人や、給与の水準を示す代表的な例を選んで記載します。

6　お分かりにならないことがありましたら、税務署にご相談ください。

資料4　現金主義の所得計算の特例を受けることの届出書（様式）

税務署受付印

1	1	3	0

現金主義による所得計算の特例を受けることの届出書

＿＿＿＿＿＿税務署長

＿＿年＿＿月＿＿日提出

納税地	住所地・居所地・事業所等（該当するものを○で囲んでください。） （〒　－　） （TEL　－　－　）		
上記以外の住所地・事業所等	納税地以外に住所地・事業所等がある場合は記載します。 （〒　－　） （TEL　－　－　）		
フリガナ		生年月日	大正 昭和 平成 令和　年　月　日生
氏名	㊞		
職業		フリガナ 屋号	

令和＿＿年分の所得税から、「現金主義による所得計算の特例」の適用を受けることとしたので届けます。

1　この特例の適用を受けようとする年の前々年分の所得（前年12月31日現在で記載します。）

(1)　不動産所得の金額＿＿＿＿円　＋　青色事業専従者給与額＿＿＿＿円　＝　＿＿＿＿円（赤字のときは0）

(2)　事業所得の金額＿＿＿＿円　＋　青色事業専従者給与額＿＿＿＿円　＝　＿＿＿＿円（赤字のときは0）

(3)　(1)　＋　(2)　＝＿＿＿＿円

2　この特例を受けようとする年の前年12月31日（年の中途で開業した人は、その開業の日）現在の売掛金、買掛金等の資産負債の額（裏面の記載欄に記載します。）

3　その他参考事項

(1)　備付帳簿名　　イ　現金式簡易帳簿　　ロ　その他

(2)　その他

関与税理士
（TEL　－　－　）

税務署整理欄	整理番号	関係部門連絡	A	B	C		
	0						
	通信日付印の年月日	確認印					
	年　月　日						

売掛金・買掛金等の資産負債の額（　　年　月　日現在）			
資　産		負　債	
売掛金（未収入金を含む。）	円	買掛金	円
受取手形		支払手形	
棚卸資産		前受金	
前払費用		未払費用	
		引当金 準備金	
計		計	

書き方

1　この届出書は、この特例の適用を受けようとする年の3月15日まで（その年の1月16日以後に開業した人は開業の日から2か月以内）に提出してください。

2　この届出書を提出することのできる人は、表面の1の(3)の金額が300万円以下の人に限られています。

なお、いままでにこの特例の適用を受けたことのある人が、再びこの特例の適用を受けようとするときは、この届出書ではなく、別の「再び現金主義による所得計算の特例の適用を受けることの承認申請書」を再びこの特例の適用を受けようとする年の1月31日までに提出してください。

3　上の表の売掛金、買掛金等の金額（売上や仕入、経費に関係のあるもの）は、現金主義の所得計算から通常の所得計算に切り替えるときに、調整するために必要なものですから、よく調べて正確に記載します。

資料5　所得税の棚卸資産の評価方法（減価償却資産の償却方法）の届出書（様式）

税務署受付印

1	1	6	0

所得税の ○棚卸資産の評価方法 ○減価償却資産の償却方法 の届出書

＿＿＿＿＿＿税務署長

年　月　日提出

納税地	○住所地・○居所地・○事業所等(該当するものを選択してください。) (〒　－　) (TEL　－　－　)			
上記以外の住所地・事業所等	納税地以外に住所地・事業所等がある場合は記載します。 (〒　－　) (TEL　－　－　)			
フリガナ		生年月日	○大正 ○昭和 ○平成 ○令和	年　月　日生
氏名	㊞			
職業		フリガナ / 屋号		

○棚卸資産の評価方法 ○減価償却資産の償却方法 については、次によることとしたので届けます。

1　棚卸資産の評価方法

事業の種類	棚卸資産の区分	評価方法

2　減価償却資産の償却方法

	減価償却資産の種類 設備の種類	構造又は用途、細目	償却方法
⑴　平成19年3月31日以前に取得した減価償却資産			
⑵　平成19年4月1日以後に取得した減価償却資産			

3　その他参考事項

⑴　上記2で「減価償却資産の種類・設備の種類」欄が「建物」の場合

建物の取得年月日　＿＿年＿＿月＿＿日

⑵　その他

関与税理士

(TEL　－　－　)

税務署整理欄	整理番号	関係部門連絡	A	B	C		
	0						
	通信日付印の年月日		確認印				
	年　月　日						

書　き　方

1　この届出書は、棚卸資産の評価方法及び減価償却資産の償却方法の届出をする場合に提出するものです。

2　棚卸資産の評価方法の届出ができるのは、①新たに事業を開始した場合、②従来の事業のほかに他の種類の事業を開始した場合又は③事業の種類を変更した場合です。

3　減価償却資産の償却方法の届出ができるのは、①新たに事業を開始した場合、②すでに取得している減価償却資産と異なる種類の減価償却資産を取得した場合又は③従来の償却方法と異なる償却方法を選定する事業所を新たに設けた場合です。

（注１）償却方法のみなし選定　・
平成19年3月31日以前に取得した減価償却資産（以下「旧減価償却資産」といいます。）について「旧定額法」、「旧定率法」又は「旧生産高比例法」を選定している場合において、平成19年4月1日以後に取得する減価償却資産（以下「新減価償却資産」といいます。）で、同日前に取得したならば旧減価償却資産と同一の区分に属するものについてこの届出書を提出していないときは、旧減価償却資産につき選定していた償却方法の区分に応じた償却方法を選定したとみなされ、新減価償却資産について「定額法」、「定率法」又は「生産高比例法」を適用することとなります。

（注２）法定償却方法
この届出書を提出をしていない新減価償却資産で上記（注１）に該当しない場合は、原則として、定額法が法定償却方法となります。

4　従来の棚卸資産の評価方法や減価償却資産の償却方法を変更しようとする場合は、この届出書ではなく、「所得税の 棚卸資産の評価方法／減価償却資産の償却方法 の変更承認申請書」により変更の申請をしてください。

5　この届出書は、上記２又は３に掲げた届け出ることのできる場合の日の属する年分の確定申告期限までに提出してください。

6　この届出書の標題及び本文の中の「棚卸資産の評価方法／減価償却資産の償却方法」は、申請の内容に応じて不要の文字を抹消してください。

7　「１　棚卸資産の評価方法」の各欄は、次のように記載します。

⑴　「事業の種類」欄には、その評価の方法を採用する事業の種類を、例えば、小売業、製造業又は漁業などと記載します。

⑵　「棚卸資産の区分」欄には、その評価の方法を採用する棚卸資産の区分を、⑴の事業の種類ごとに、例えば、商品、製品、半製品、原材料、消耗品などと記載します。

8　「２　減価償却資産の償却方法」の各欄は、次のように記載します。

⑴　減価償却資産の取得の日に応じて「⑴　平成19年3月31日以前に取得した減価償却資産」又は「⑵　平成19年4月1日以後に取得した減価償却資産」の各欄を使用します。

⑵　「減価償却資産の種類、設備の種類」欄には、その選定する償却の方法を採用する資産の種類又は設備の種類を、例えば、建物、建物附属設備、機械及び装置、車両及び運搬具、工具、器具及び備品などと記載します。

⑶　「構造又は用途、細目」欄には、その選定する償却の方法を採用する資産の構造又は用途、細目を⑴の資産の種類又は設備の種類ごとに、例えば、木造、冷暖房設備、広告用、医療機器、その他のものなどと記載します。

（注）平成10年4月1日以後に取得した「建物」の償却方法は、旧定額法又は定額法に限る（旧定率法又は定率法の選択はできません。）こととされています。

⑷　「償却方法」欄には、その減価償却資産の取得年月日が平成19年3月31日以前の場合には、旧定額法、旧定率法又は旧生産高比例法などと、平成19年4月1日以後の場合には、定額法、定率法又は生産高比例法などと記載します。

9　「３　その他参考事項」欄

⑴　３の⑴における建物の取得年月日について、相続、遺贈又は贈与（以下「相続等」といいます。）による取得の場合は、相続等の日を記載します。

⑵　３の「⑵その他」欄には、届出をすることとなった事情等を具体的に記載します。

資料6　所得税の棚卸資産の評価方法（減価償却資産の償却方法）の変更承認申請書（様式）

税務署受付印

1	1	8	0

所得税の 棚卸資産の評価方法／減価償却資産の償却方法 の変更承認申請書

＿＿＿＿＿＿税務署長

年　　月　　日提出

納税地	住所地・居所地・事業所等（該当するものを○で囲んでください。） （〒　　－　　） （TEL　　－　　－　　）		
上記以外の住所地・事業所等	納税地以外に住所地・事業所等がある場合は記載します。 （〒　　－　　） （TEL　　－　　－　　）		
フリガナ		生年月日	大正 昭和 平成 令和　　年　　月　　日生
氏名	印		
職業		フリガナ 屋号	

令和＿＿年分から、棚卸資産の評価方法／減価償却資産の償却方法を次のとおり変更したいので申請します。

1　棚卸資産の評価方法

事業の種類	資産の区分	現在の評価方法		採用しようとする新たな評価方法
		現在の方法	採用した年	

2　減価償却資産の償却方法

	資産の種類 設備の種類	構造又は 用途、細目	現在の償却方法		採用しようとする新たな償却方法
			現在の方法	採用した年	
(1) 平成19年3月31日以前に取得した減価償却資産					
(2) 平成19年4月1日以後に取得した減価償却資産					

3　変更しようとする理由（できるだけ具体的に記載します。）

4　その他参考事項

(1)　上記2で「資産の種類・設備の種類」欄が「建物」の場合

建物の取得年月日　昭和／平成／令和＿＿年＿＿月＿＿日

(2)　その他

関与税理士

（TEL　　－　　－　　）

税務署整理欄	整理番号	関係部門連絡	A	B	C		
	0						
	通信日付印の年月日		確認印				
	年　月　日						

書　き　方

1　この申請書は、棚卸資産の評価方法又は減価償却資産の償却方法を現に行っている方法から、他の方法に変更しようとする場合に提出するものです。

2　この申請書は、棚卸資産の評価方法又は減価償却資産の償却方法を変更しようとする年の3月15日までに提出してください。

3　この申請書の標題及び本文の中の「棚卸資産の評価方法
減価償却資産の償却方法」は、申請の内容に応じて不要な文字を抹消します。

4　「1　棚卸資産の評価方法」の各欄は、次のように記載します。

⑴　「事業の種類」欄には、評価の方法を変更しようとする事業の種類を、例えば、小売業、製造業又は漁業などと記載します。

⑵　「資産の区分」欄には、評価の方法を変更しようとする棚卸資産の区分を、⑴の事業の種類ごとに、例えば、商品、製品、半製品、原材料、消耗品などと記載します。

⑶　「現在の評価方法」欄には、評価の方法を変更しようとする棚卸資産について、既に届け出ている方法（届け出ていない場合は、それぞれの棚卸資産の区分ごとに定められている法定の評価方法）を記載します。

5　「2　減価償却資産の償却方法」の各欄は、次のように記載します。

⑴　減価償却資産を取得した日に応じて「⑴　平成19年3月31日以前に取得した減価償却資産」又は「⑵　平成19年4月1日以後に取得した減価償却資産」の各欄を使用します。

⑵　「資産の種類、設備の種類」欄には、償却の方法を変更しようとする減価償却資産の種類又は設備の種類を、例えば、建物、建物附属設備、機械及び装置、車両及び運搬具、工具、器具及び備品などと記載します。

⑶　「構造又は用途、細目」欄には、償却の方法を変更しようとする資産の構造又は用途、細目を⑴の資産の種類又は設備の種類ごとに、例えば、木造、冷暖房設備、広告用、医療機器、その他のものなどと記載します。

⑷　「現在の償却方法」欄には、償却の方法を変更しようとする資産又は設備について、既に届け出ている方法（届け出ていない場合は、それぞれの資産ごとに定められている法定の償却方法）を記載します。

（注）平成10年4月1日以後に取得した「建物」の償却方法は、旧定額法又は定額法に限る（旧定率法又は定率法の選択はできません。）こととされています。

6　「4　その他参考事項」の⑴における建物の取得年月日については、相続、遺贈又は贈与（以下「相続等」といいます。）による取得の場合は、相続等の日を記載します。

資料7　源泉所得税の納期の特例の承認に関する申請書（様式）

源泉所得税の納期の特例の承認に関する申請書

税務署受付印

※整理番号	

	住所又は本店の所在地	〒 電話　－　－
令和　年　月　日	（フリガナ）	
	氏名又は名称	
	法人番号	※個人の方は個人番号の記載は不要です。
	（フリガナ）	
税務署長殿	代表者氏名	㊞

次の給与支払事務所等につき、所得税法第 216 条の規定による源泉所得税の納期の特例についての承認を申請します。

給与支払事務所等に関する事項				
	給与支払事務所等の所在地 ※　申請者の住所（居所）又は本店（主たる事務所）の所在地と給与支払事務所等の所在地とが異なる場合に記載してください。	〒 電話　－　－		
	申請の日前6か月間の各月末の給与の支払を受ける者の人員及び各月の支給金額 〔外書は、臨時雇用者に係るもの〕	月区分	支給人員	支給額
		年　月	外 人	外 円
		年　月	外 人	外 円
		年　月	外 人	外 円
		年　月	外 人	外 円
		年　月	外 人	外 円
		年　月	外 人	外 円
	1　現に国税の滞納があり又は最近において著しい納付遅延の事実がある場合で、それがやむを得ない理由によるものであるときは、その理由の詳細 2　申請の日前1年以内に納期の特例の承認を取り消されたことがある場合には、その年月日			

税理士署名押印	㊞

※税務署処理欄	部門		決算期		業種番号		番号		入力		名簿		通信日付印	年月日	確認印	

源泉所得税の納期の特例の承認に関する申請書の記載要領等

1　源泉所得税の納期の特例の制度について

(1)　源泉所得税の納期の特例の適用を受けることができるのは、給与等の支払を受ける人の人数が常時10人未満である源泉徴収義務者です。

(注)　「常時10人未満」というのは平常の状態において10人に満たないということであって、多忙な時期等において臨時に雇い入れた人があるような場合には、その人数を除いた人数が10人未満であることです。

(2)　(1)に該当する源泉徴収義務者がこの特例の適用を受けようとする場合には、所轄の税務署長に申請し、その承認を受けなければなりません。

(注)　この申請書を提出した月の翌月末日までに税務署長から承認又は却下の通知がなければ、この申請書を提出した月の翌月末日に承認があったものとされ、その申請の翌々月の納付分からこの特例が適用されます。

(例)	申請書を提出した	(給与等)		(納期限)
	月が2月中の場合	2月支給分	→	3月10日まで
		3月～6月支給分	→	7月10日まで

(3)　この特例が適用されるのは、次に掲げる源泉所得税及び復興特別所得税に限られます。

したがって、この特例の承認を受けた源泉徴収義務者であっても、次に掲げる所得以外の所得について源泉徴収した所得税及び復興特別所得税は、通常の例により支払った月の翌月10日までに納付しなければなりません。

イ　給与等及び退職手当等（非居住者に対して支払った給与等及び退職手当等を含みます。）について源泉徴収した所得税及び復興特別所得税

ロ　弁護士（外国法事務弁護士を含みます。）、司法書士、土地家屋調査士、公認会計士、税理士、社会保険労務士、弁理士、海事代理士、測量士、建築士、不動産鑑定士、技術士、計理士、会計士補、企業診断員（企業経営の改善及び向上のための指導を行う者を含みます。）、測量士補、建築代理士（建築代理士以外の者で建築に関する申請若しくは届出の書類を作成し、又はこれらの手続を代理することを業とするものを含みます。）、不動産鑑定士補、火災損害鑑定人若しくは自動車等損害鑑定人（自動車又は建設機械に係る損害保険契約の保険事故に関して損害額の算定又はその損害額の算定に係る調査を行うことを業とする者をいいます。）又は技術士補（技術士又は技術士補以外の者で技術士の行う業務と同一の業務を行う者を含みます。）の業務に関する報酬・料金について源泉徴収した所得税及び復興特別所得税

(4)　この特例の承認を受けた場合には、次に掲げる期限までに源泉徴収した所得税及び復興特別所得税を納付しなければなりません。

(支給期間)		(納期限)
1月～6月支給分	→	7月10日まで
7月～12月支給分	→	翌年1月20日まで

(5)　納期の特例について承認を受けていた源泉徴収義務者については、給与等の支払を受ける人が常時10人以上となった場合には、その旨を遅滞なく税務署長に届け出なければなりません。

◎　注意

滞納や著しい納付遅延があるような源泉徴収義務者については、この特例の承認を受けられないことがあります。また、この承認を受けても、滞納したり、納付遅延をしますと、この特例の承認を取り消されることがありますから、そのようなことがないよう特にご注意願います。

2　各欄の記載方法

(1)　「住所又は本店の所在地」欄には申請者の住所（居所）又は本店（主たる事務所）の所在地を、「氏名又は名称」欄には申請者の氏名又は名称を、「法人番号」欄には申請者（個人を除きます。）の法人番号を記載してください。また、法人の場合は、「代表者氏名」欄に、代表者の氏名を記載してください。

(2)　「給与支払事務所等の所在地」欄は、申請者の住所（居所）又は本店（主たる事務所）の所在地と給与支払事務所等の所在地とが異なる場合に記載してください。

(3)　「申請の日前6か月間の各月末の給与の支払を受ける者の人員及び各月の支給金額」欄には、申請の日前6か月間の各月末の人員と各月の給与の支給金額とを記入してください。

この場合、臨時に雇い入れた人がいるときは、その人数を「支給人員」欄に、その支給金額を「支給額」欄にそれぞれ外書きしてください。

(4)　「1　現に国税の滞納があり又は最近において著しい納付遅延の事実がある場合で、それがやむを得ない理由によるものであるときは、その理由の詳細」欄及び「2　申請の日前1年以内に納期の特例の承認を取り消されたことがある場合には、その年月日」欄は、該当する場合に限り必要事項を記載してください。

(5)　「税理士署名押印」欄は、この申請書を税理士及び税理士法人が作成した場合は、その税理士等が署名押印してください。

(6)　「※」欄は、記載しないでください。

3　留意事項

○　法人課税信託の名称の併記

法人税法第2条第29号の2に規定する法人課税信託の受託者がその法人課税信託について、国税に関する法律に基づき税務署長等に申請書等を提出する場合には、申請書等の「氏名又は名称」の欄には、受託者の法人名又は氏名のほか、その法人課税信託の名称を併せて記載してください。

資料8　所得税・消費税の納税地の変更に関する届出書（様式）

1	0	5	0

税務署受付印

所得税・消費税の納税地の変更に関する届出書

【納税地を住所地から事業所等の所在地（又は事業所等の所在地から住所地）に変更する場合等】

＿＿＿＿＿＿税務署長

＿＿年＿＿月＿＿日提出

納税地	○住所地・○居所地・○事業所等（該当するものを選択してください。） （〒　－　） （TEL　－　－　）			
上記以外の住所地・事業所等	納税地以外に住所地・事業所等がある場合は記載します。 （〒　－　） （TEL　－　－　）			
フリガナ		生年月日	○大正 ○昭和 ○平成 ○令和　年　月　日生	
氏名	㊞			
個人番号				
職業		フリガナ		
		屋号		

納税地を次のとおり変更したので届けます。

1　納税地

(1)　変更前の納税地＿＿＿＿＿＿＿＿　住所・居所 事業所等の 区分＿＿＿＿

(2)　変更後の納税地＿＿＿＿＿＿＿＿　住所・居所 事業所等の 区分＿＿＿＿

2　居所又は事業所等の所在地を納税地とする　○ことを便宜とする ○必要がなくなった　事情

3　事業所等の所在地及び事業内容

屋号等＿＿＿＿＿所在地＿＿＿＿＿＿＿＿事業内容＿＿＿＿＿

屋号等＿＿＿＿＿所在地＿＿＿＿＿＿＿＿事業内容＿＿＿＿＿

4　その他参考事項

※　振替納税をご利用の方は、裏面の留意事項をお読みください。

関与税理士

（TEL　－　－　）

税務署整理欄	整理番号	関係部門連絡	A	B	C	番号確認	身元確認
	0						□済 □未済
	通信日付印の年月日		確認印	確認書類 個人番号カード／通知カード・運転免許証 その他（　）			
	年　月　日						

資料9　所得税・消費税の納税地の異動に関する届出書（様式）

税務署受付印

1	0	6	0

○所得税・○消費税の納税地の異動に関する届出書

【転居等により納税地に異動があった場合】

＿＿＿＿＿＿税務署長

＿＿年＿＿月＿＿日提出

納税地	□住所地・□居所地・□事業所等（該当するものを選択してください。） （〒　　－　　） （TEL　　－　　－　　）		
上記以外の住所地・事業所等	納税地以外に住所地・事業所等がある場合は記載します。 （〒　　－　　） （TEL　　－　　－　　）		
フリガナ		生年月日	○大正 ○昭和 ○平成 ○令和　　年　月　日生
氏名	㊞		
個人番号			
職業		フリガナ 屋号	

納税地を次のとおり異動したので届けます。

1　異動年月日　　＿＿＿年＿＿＿月＿＿＿日

2　納税地

(1)　異動前の納税地＿＿＿＿＿＿＿＿＿＿＿＿＿＿＿＿

(2)　異動後の納税地＿＿＿＿＿＿＿＿＿＿＿＿＿＿＿＿

3　事業所等の所在地及び事業内容

屋号等＿＿＿＿＿＿所在地＿＿＿＿＿＿＿＿事業内容＿＿＿＿＿＿

屋号等＿＿＿＿＿＿所在地＿＿＿＿＿＿＿＿事業内容＿＿＿＿＿＿

4　その他参考事項

※　振替納税をご利用の方は、裏面の留意事項をお読みください。

関与税理士

（TEL　　－　　－　　）

税務署整理欄	整理番号	関係部門連絡	A	B	C	番号確認	身元確認
	0						□ 済 □ 未済
				確認書類 個人番号カード／通知カード・運転免許証 その他（　　　）			

資料10　特別農業所得者の予定納税申請書（様式）

税務署受付印

1	3	1	0

特別農業所得者の承認申請書

＿＿＿＿＿＿税務署長

＿＿年＿＿月＿＿日提出

納税地	住所地・居所地・事業所等（該当するものを○で囲んでください。） (〒　　－　　) (TEL　　－　　－　　)			
上記以外の住所地・事業所等	納税地以外に住所地・事業所等がある場合は記載します。 (〒　　－　　) (TEL　　－　　－　　)			
フリガナ		生年月日	大正 昭和 平成 令和　　年　　月　　日生	
氏名	印			
職業		フリガナ		
		屋号		

令和＿＿年分の所得税から、「特別農業所得者」の適用を受けたいので申請します。

1　特別農業所得者であると見込まれる事由

2　この特例の適用を受けようとする年分の総所得金額の見積額等

（適用を受けようとする年の5月1日の現況において記載します。）

(1)　総所得金額の見積額　＿＿＿＿＿＿円

(2)　(1)のうち農業所得の金額の見積額　＿＿＿＿＿＿円

(3)　(2)のうち9月1日以後に生ずる農業所得の金額の見積額　＿＿＿＿＿＿円

（注）　この申請書は適用を受けようとする年の5月15日までに提出してください。

関与税理士
(TEL　　－　　－　　)

税務署整理欄	整理番号	関係部門連絡	A	B	C		
	0						
	通信日付印の年月日		確認印				
	年　月　日						

資料11　消費税課税事業者届出書（基準期間用）（様式）

第３－(1)号様式

基準期間用

消費税課税事業者届出書

収受印

<table>
<tr><td rowspan="12">令和　年　月　日

＿＿＿＿税務署長殿</td><td rowspan="12">届出者</td><td>（フリガナ）</td><td></td></tr>
<tr><td>納税地</td><td>（〒　－　）
（電話番号　－　－　）</td></tr>
<tr><td>（フリガナ）</td><td></td></tr>
<tr><td>住所又は居所
（法人の場合）
本店又は主たる事務所の所在地</td><td>（〒　－　）
（電話番号　－　－　）</td></tr>
<tr><td>（フリガナ）</td><td></td></tr>
<tr><td>名称（屋号）</td><td></td></tr>
<tr><td>個人番号
又は
法人番号</td><td>↓ 個人番号の記載に当たっては、左端を空欄とし、ここから記載してください。</td></tr>
<tr><td>（フリガナ）</td><td></td></tr>
<tr><td>氏名
（法人の場合）
代表者氏名</td><td>印</td></tr>
<tr><td>（フリガナ）</td><td></td></tr>
<tr><td>（法人の場合）
代表者住所</td><td>（電話番号　－　－　）</td></tr>
</table>

下記のとおり、基準期間における課税売上高が1,000万円を超えることとなったので、消費税法第57条第１項第１号の規定により届出します。

<table>
<tr><td>適用開始課税期間</td><td colspan="5">自 ○平成 ○令和　年　月　日　至 ○平成 ○令和　年　月　日</td></tr>
<tr><td rowspan="2">上記期間の
基準期間</td><td colspan="2">自 ○平成 ○令和　年　月　日</td><td>左記期間の総売上高</td><td colspan="2">円</td></tr>
<tr><td colspan="2">至 ○平成 ○令和　年　月　日</td><td>左記期間の課税売上高</td><td colspan="2">円</td></tr>
<tr><td rowspan="3">事業内容等</td><td rowspan="2">生年月日（個人）又は設立年月日（法人）</td><td rowspan="2">1明治・2大正・3昭和・4平成・5令和
○　○　○　○　○
年　月　日</td><td rowspan="2">法人のみ記載</td><td>事業年度</td><td>自　月　日　至　月　日</td></tr>
<tr><td>資本金</td><td>円</td></tr>
<tr><td>事業内容</td><td colspan="2"></td><td>届出区分</td><td>相続・合併・分割等・その他
○　○　○　○</td></tr>
<tr><td>参考事項</td><td colspan="2"></td><td>税理士署名押印</td><td colspan="2">印
（電話番号　－　－　）</td></tr>
</table>

<table>
<tr><td rowspan="3">※税務署処理欄</td><td>整理番号</td><td colspan="2"></td><td>部門番号</td><td></td><td colspan="2"></td></tr>
<tr><td>届出年月日</td><td colspan="2">年　月　日</td><td>入力処理</td><td>年　月　日</td><td>台帳整理</td><td>年　月　日</td></tr>
<tr><td>番号確認</td><td>身元確認</td><td>□ 済
□ 未済</td><td>確認書類</td><td>個人番号カード／通知カード・運転免許証
その他（　）</td><td colspan="2"></td></tr>
</table>

注意　1．裏面の記載要領等に留意の上、記載してください。
　　　2．税務署処理欄は、記載しないでください。

消費税課税事業者届出書（基準期間用）の記載要領等

1　提出すべき場合

この届出書は、事業者が、基準期間における課税売上高が1,000万円を超えたことにより、その課税期間について納税義務が免除されないこととなる場合に提出します（法57①一）。

ただし、既にこの届出書又は「消費税課税事業者届出書（特定期間用）第３－(2)号様式」を提出している事業者は、提出後引き続いて課税事業者である限り再度提出する必要はありません。

（注）１　基準期間のない事業年度の開始の日の資本金の額又は出資の金額が1,000万円以上の法人については、基準期間のない事業年度（一般的には、設立第１期目及び第２期目）においては、納税義務の免除の規定の適用はありません（法12の２①）。この場合には、この届出書ではなく「消費税の新設法人に該当する旨の届出書（第10－(2)号様式）」を提出することとなります。

また、基準期間のない事業年度の開始の日の資本金の額又は出資の金額が1,000万円未満の法人（新規設立法人）のうち、その基準期間がない事業年度開始の日において、他の者により当該新規設立法人が支配される一定の場合（特定要件）に該当し、当該特定要件に該当するかどうかの判定の基礎となった他の者及び当該他の者と一定の特殊な関係にある法人のうちいずれかの者の当該新規設立法人の当該事業年度の基準期間相当期間における課税売上高が５億円を超えているもの（特定新規設立法人）については、当該特定新規設立法人の基準期間のない事業年度においては、納税義務の免除の規定の適用はありません（法12の３①）。この場合には、この届出書ではなく「消費税の特定新規設立法人に該当する旨の届出書（第10－(3)号様式）」を提出することとなります（平成26年４月１日以後に設立される新規設立法人で、特定新規設立法人に該当するものに適用）。

２　相続、合併又は分割等があったことにより納税義務が免除されないこととなった事業者は、自己の基準期間における課税売上高が1,000万円以下であったとしても、この届出書を提出することになります。

2　提出時期等

この届出書は、提出すべき事由が生じた場合に、速やかに提出することとされています。したがって、その年又はその事業年度（事業年度が１年の法人の場合）の課税売上高が1,000万円を超えている場合には、翌々年又は翌々事業年度については納税義務が免除されないこととなりますので、その年又はその事業年度終了後速やかに提出することになります。

3　記載要領

(1)　元号は、該当する箇所に○を付します。

(2)　外国法人は、「本店又は主たる事務所の所在地」欄は、国外の所在地を記載します。

(3)「適用開始課税期間」欄には、納税義務が免除されないこととなる課税期間の初日及び末日を記載します。

(4)「上記期間の基準期間」欄には、「適用開始課税期間」欄の基準期間の初日及び末日を記載します。

(5)「左記期間の総売上高」欄及び「左記期間の課税売上高」欄には、それぞれ基準期間に国内において行った資産の譲渡等の対価の額の合計額及び課税資産の譲渡等の対価の額の合計額を記載します。

なお、基準期間が１年に満たない法人については、その期間中の資産の譲渡等の対価の額の合計額及び課税資産の譲渡等の対価の額の合計額をその期間の月数で除し、これを12倍した金額を記載します。

（注）「資産の譲渡等の対価の額の合計額」及び「課税資産の譲渡等の対価の額の合計額」は、いずれも消費税額及び地方消費税額を含まない金額をいいます。また、輸出取引に係る売上高を含み、売上げに係る対価の返還等の金額（税抜き）を含みません。

なお、基準期間において免税事業者であった場合には、その課税期間中の課税売上高（「左記期間の課税売上高」欄）には消費税及び地方消費税が課税されていませんから、税抜きの処理を行う必要はありません。

(6)「生年月日又は設立年月日」欄には、個人事業者は生年月日を、法人は設立年月日を記載します。

(7)「事業年度」欄には、法人の事業年度を記載します（個人事業者の方は不要です。）。

なお、事業年度が１年に満たない法人については、「適用開始課税期間」欄に記載した開始月日を含む事業年度の初日及び末日を記載します。

また、設立第１期目で事業年度が変則的なものとなる場合などは、通常時の事業年度を記載します

(8)「資本金」欄には、資本金の額又は出資の金額を記載します（個人事業者の方は不要です。）。

(9)「届出区分」欄は、届出の事情に該当する項目に○を付します。

(10)　相続、合併又は分割等があったことにより、この届出書を提出する場合には、併せて「相続・合併・分割等があったことにより課税事業者となる場合の付表（第４号様式）」を提出することになります。

(11)「参考事項」欄には、その他参考となる事項等がある場合に記載します。

(12)　個人事業者の方がこの届出書の控えを保管する場合においては、その控えには個人番号を記載しないなど、個人番号の取扱いには十分にご注意ください。

(13)　記載内容等についてご不明な場合は、最寄りの税務署にお問い合わせください。

資料12　消費税課税事業者届出書（特定期間用）（様式）

第３－⑵号様式

特定期間用

消費税課税事業者届出書

収受印

令和　年　月　日	届出者	（フリガナ）	
		納税地	（〒　－　） （電話番号　－　－　）
		（フリガナ）	
		住所又は居所 （法人の場合）本店又は主たる事務所の所在地	（〒　－　） （電話番号　－　－　）
		（フリガナ）	
		名称（屋号）	
		個人番号又は法人番号	↓ 個人番号の記載に当たっては、左端を空欄とし、ここから記載してください。
		（フリガナ）	
		氏名 （法人の場合）代表者氏名	印
		（フリガナ）	
＿＿＿＿税務署長殿		（法人の場合）代表者住所	（電話番号　－　－　）

下記のとおり、特定期間における課税売上高が1,000万円を超えることとなったので、消費税法第57条第１項第１号の規定により届出します。

適用開始課税期間	自 ○平成 ○令和　年　月　日　至 ○平成 ○令和　年　月　日		
上記期間の特定期間	自 ○平成 ○令和　年　月　日 至 ○平成 ○令和　年　月　日	左記期間の総売上高	円
		左記期間の課税売上高	円
		左記期間の給与等支払額	円

事業内容等	生年月日（個人）又は設立年月日（法人）	1明治・2大正・3昭和・4平成・5令和 ○　○　○　○　○ 年　月　日	法人のみ記載	事業年度	自　月　日至　月　日
				資本金	円
	事業内容				

参考事項		税理士署名押印	印 （電話番号　－　－　）

※税務署処理欄	整理番号		部門番号			
	届出年月日	年　月　日	入力処理	年　月　日	台帳整理	年　月　日
	番号確認		身元確認 □ 済 □ 未済	確認書類 個人番号カード／通知カード・運転免許証 その他（　）		

注意　1．裏面の記載要領等に留意の上、記載してください。
　　　2．税務署処理欄は、記載しないでください。

消費税課税事業者届出書（特定期間用）の記載要領等

1　提出すべき場合

この届出書は、その課税期間の基準期間における課税売上高が1,000万円以下（注１）である事業者が、特定期間（※）における課税売上高が1,000万円を超えたことにより、その課税期間について納税義務が免除されないこととなる場合に提出します（法57①一）。

なお、特定期間における1,000万円の判定は、課税売上高に代えて給与等支払額の合計額によることもできます（以下「課税売上高（又は給与等支払額の合計額）」といいます。）。

※　特定期間とは、個人事業者の場合はその年の前年の１月１日から６月30日までの期間、法人の場合は、原則として、その事業年度の前事業年度開始の日以後６か月の期間をいいます。ただし、新たに設立した法人で決算期変更を行った法人等は、その法人の設立日や決算期変更の時期がいつであるかにより特定期間が異なる場合があります。詳しくは、最寄りの税務署にお問い合わせください。

（注）１　基準期間における課税売上高が1,000万円以下である場合には、基準期間における課税売上高がない場合又は基準期間のない場合も含まれます。

２　基準期間のない事業年度の開始の日の資本金の額又は出資の金額が1,000万円以上の法人については、基準期間のない課税期間（一般的には、設立第１期目及び第２期目）においては、納税義務の免除の規定の適用はありません（法12の２①）。この場合には、「消費税の新設法人に該当する旨の届出書（第10－(2)号様式）」を提出することとなります。

また、基準期間のない事業年度の開始の日の資本金の額又は出資の金額が1,000万円未満の法人のうち、その基準期間がない事業年度開始の日において一定の要件に該当するもの（特定新規設立法人）については、当該特定新規設立法人の基準期間のない事業年度においては、納税義務の免除規定の適用はありません（法12の３①）。この場合には、（「消費税の特定新規設立法人に該当する旨の届出書（第10－(3)号様式）」を提出することとなります。

ただし、特定期間ができた以後の課税期間においては、その特定期間における課税売上高（又は給与等支払額の合計額）により、納税義務の有無の判定を行います。

３　相続、合併又は分割等があった場合において、特定期間における課税売上高（又は給与等支払額の合計額）による納税義務の有無の判定を行う必要はありません。

2　提出時期等

この届出書は、提出すべき事由が生じた場合に、速やかに提出することとされています。したがって、その年又はその事業年度の特定期間の課税売上高（又は給与等支払額の合計額）が1,000万円を超えた場合には、特定期間終了後速やかに提出することになります。

3　記載要領

(1)　元号は、該当する箇所に○を付します。
(2)　外国法人は、「本店又は主たる事務所の所在地」欄は、国外の所在地を記載します。
(3)　「適用開始課税期間」欄には、納税義務が免除されないこととなる課税期間の初日及び末日を記載します。
(4)　「上記期間の特定期間」欄には、「適用開始課税期間」欄の特定期間の初日及び末日を記載します。
(5)　「左記期間の総売上高」欄及び「左記期間の課税売上高」欄には、それぞれ特定期間に国内において行った資産の譲渡等の対価の額の合計額及び課税資産の譲渡等の対価の額の合計額を記載し、課税売上高に代えて給与等支払額の合計額により判定を行った場合は、「左記期間の給与等支払額」欄にその金額を記載します。

なお、それぞれの欄に記載すべき金額を算出している場合には、それぞれの欄に記載してください。

（注）「資産の譲渡等の対価の額の合計額」及び「課税資産の譲渡等の対価の額の合計額」は、いずれも消費税額及び地方消費税額を含まない金額をいいます。また、輸出取引に係る売上高を含み、売上げに係る対価の返還等の金額（税抜き）を含みません。

なお、特定期間の属する課税期間において免税事業者であった場合には、その課税期間中の課税売上高（「左記期間の課税売上高」欄）には消費税及び地方消費税が課税されていませんから、税抜きの処理を行う必要はありません。

(6)　「生年月日又は設立年月日」欄には、個人事業者は生年月日を、法人は設立年月日を記載します。
(7)　「事業年度」欄には、法人の事業年度を記載します（個人事業者の方は不要です。）。

なお、事業年度が１年に満たない法人については、「適用開始課税期間」欄に記載した開始月日を含む事業年度の初日及び末日を記載します。

また、設立第１期目で事業年度が変則的なものとなる場合などは、通常時の事業年度を記載します

(8)　「資本金」欄には、資本金の額又は出資の金額を記載します（個人事業者の方は不要です。）。
(9)　「参考事項」欄には、その他参考となる事項等がある場合に記載します。
(10)　個人事業者の方がこの届出書の控えを保管する場合においては、その控えには個人番号を記載しないなど、個人番号の取扱いには十分にご注意ください。
(11)　記載内容等についてご不明な場合は、最寄りの税務署にお問い合わせください。

資料13　消費税の納税義務者でなくなった旨の届出書（様式）

第５号様式

消費税の納税義務者でなくなった旨の届出書

収受印

令和　年　月　日 ＿＿＿＿税務署長殿	届出者	（フリガナ）	
		納税地	（〒　－　） （電話番号　－　－　）
		（フリガナ）	
		氏名又は 名称及び 代表者氏名	印
		個人番号 又は 法人番号	↓ 個人番号の記載に当たっては、左端を空欄とし、ここから記載してください。

下記のとおり、納税義務がなくなりましたので、消費税法第57条第１項第２号の規定により届出します。

①	この届出の適用開始課税期間	自 ○平成 ○令和　年　月　日　至 ○平成 ○令和　年　月　日
②	①の基準期間	自 ○平成 ○令和　年　月　日　至 ○平成 ○令和　年　月　日
③	②の課税売上高	円

※１　この届出書を提出した場合であっても、特定期間（原則として、①の課税期間の前年の１月１日（法人の場合は前事業年度開始の日）から６か月間）の課税売上高が１千万円を超える場合には、①の課税期間の納税義務は免除されないこととなります。
２　高額特定資産の仕入れ等を行った場合に、消費税法第12条の４第１項の適用がある課税期間については、当該課税期間の基準期間の課税売上高が１千万円以下となった場合であっても、その課税期間の納税義務は免除されないこととなります。
（詳しくは、裏面をご覧ください。）

納税義務者となった日	○平成 ○令和　年　月　日
参考事項	
税理士署名押印	印 （電話番号　－　－　）

※税務署処理欄						
整理番号		部門番号				
届出年月日	年　月　日	入力処理	年　月　日	台帳整理	年　月　日	
番号確認		身元確認	□ 済 □ 未済	確認書類	個人番号カード／通知カード・運転免許証 その他（　）	

注意　１．裏面の記載要領等に留意の上、記載してください。
　　　２．税務署処理欄は、記載しないでください。

消費税の納税義務者でなくなった旨の届出書の記載要領等

1　提出すべき場合

この届出書は、それまで課税事業者であった事業者が、その課税期間の課税売上高が1,000万円以下となったことにより（注１）、その課税期間を基準期間とする課税期間において納税義務が免除されることとなる場合に提出します（法57①二）。

なお、その課税期間を基準期間とする課税期間において、課税事業者となることを選択する場合には、この届出書ではなく「消費税課税事業者選択届出書（第１号様式）」を提出することになります。

（注）１　その課税期間の課税売上高が1,000万円以下となった場合には、法９条の２第１項、法第10条第１項若しくは第２項、第11条又は第12条第１項から第６項までの規定の適用を受けなくなった場合を含みます。

２　この届出書を提出した場合であっても、「この届出の適用開始課税期間」欄の課税期間の特定期間（※）における課税売上高（課税売上高に代えて給与等支払額の合計額によることもできます。）が1,000万円を超えたことにより、その課税期間における納税義務が免除されないこととなる場合は、「消費税課税事業者届出書（特定期間用）（第３－(2)号様式）」を提出します（法57①一）。

※　特定期間とは、個人事業者の場合はその年の前年の１月１日から６月30日までの期間、法人の場合は、原則として、その事業年度の前事業年度開始の日以後６か月の期間をいいます。ただし、新たに設立した法人で決算期変更を行った法人等は、その法人の設立日や決算期変更の時期がいつであるかにより特定期間が異なる場合があります。詳しくは、最寄りの税務署にお問い合わせください。

３　高額特定資産（※）の仕入れ等を行った場合に、法第12条の４第１項の規定の適用を受ける事業者は、同項の適用を受ける課税期間については、その課税期間の基準期間の課税売上高が1,000万円以下となった場合であっても、納税義務が免除されません。この場合には、「高額特定資産の取得に係る課税事業者である旨の届出書（第５－(2)号様式）」を提出します（法57①二の二）。

※　高額特定資産とは、課税仕入れに係る支払対価の額（税抜き）が1,000万円以上の棚卸資産又は調整対象固定資産をいいます。また、高額特定資産の仕入れ等を行った場合には、他の者との契約に基づき、又は事業者の棚卸資産若しくは調整対象固定資産として自ら建設等した資産（自己建設高額特定資産）の建設等に要した支払対価の額（事業者免税点制度及び簡易課税制度の適用を受けない課税期間において行った原材料費及び経費に係るものに限り、消費税相当額を除きます。）の累計額が1,000万円以上となった場合を含みます。詳しくは、最寄りの税務署にお問い合わせください。

2　提出時期等

この届出書は、提出すべき事由が生じた場合に、速やかに提出することとされています。

したがって、その年又はその事業年度（事業年度が１年の法人の場合）における課税売上高が1,000万円以下である場合には、翌々年又は翌々事業年度については納税義務が免除されることとなりますので、その年又はその事業年度終了後速やかに提出することになります。

（注）上記１の注２及び３に該当する場合は、翌々年又は翌々事業年度の納税義務が免除されないこととなります。

3　記載要領

(1)　元号は、該当する箇所に○を付します。

(2)　「この届出の適用開始課税期間」欄には、納税義務が免除されることとなる課税期間の初日及び末日を記載します。

(3)　「①の基準期間」欄には、「この届出の適用開始課税期間」欄に記載した課税期間の基準期間の初日及び末日を記載します。

(4)　「②の課税売上高」欄には、基準期間における課税資産の譲渡等の対価の額の合計額を記載します。

（注）「課税資産の譲渡等の対価の額の合計額」は、消費税額及び地方消費税額を含まない金額をいいます。また、輸出取引に係る売上高を含み、売上げに係る対価の返還等の金額（税抜き）を含みません。

(5)　「納税義務者となった日」欄には、先に提出した「消費税課税事業者届出書（第３－(1)号様式）」又は「消費税課税事業者届出書（第３－(2)号様式）」の「適用開始課税期間」欄の初日を記載します。

(6)　「参考事項」欄には、その他参考となる事項等がある場合に記載します。

(7)　個人事業者の方がこの届出書の控えを保管する場合においては、その控えには個人番号を記載しないなど、個人番号の取扱いには十分にご注意ください。

(8)　記載内容等についてご不明な場合は、最寄りの税務署にお問い合わせください。

資料14　消費税簡易課税制度選択届出書（様式）

消費税簡易課税制度選択届出書

収受印

令和　年　月　日 ＿＿＿＿＿税務署長殿	届出者	（フリガナ） 納税地	（〒　－　） （電話番号　－　－　）
		（フリガナ） 氏名又は名称及び代表者氏名	印
		法人番号	※個人の方は個人番号の記載は不要です。

下記のとおり、消費税法第37条第１項に規定する簡易課税制度の適用を受けたいので、届出します。

（□　所得税法等の一部を改正する法律（平成28年法律第15号）附則第40条第１項の規定により消費税法第37条第１項に規定する簡易課税制度の適用を受けたいので、届出します。）

①	適用開始課税期間	自 平成／令和　年　月　日　至 平成／令和　年　月　日
②	①の基準期間	自 平成／令和　年　月　日　至 平成／令和　年　月　日
③	②の課税売上高	円
事業内容等		（事業の内容）　（事業区分）第　種事業

提出要件の確認

次のイ、ロ又はハの場合に該当する （「はい」の場合のみ、イ、ロ又はハの項目を記載してください。）		はい □	いいえ □
イ　消費税法第９条第４項の規定により課税事業者を選択している場合	課税事業者となった日	平成／令和　年　月　日	
	課税事業者となった日から２年を経過する日までの間に開始した各課税期間中に調整対象固定資産の課税仕入れ等を行っていない	はい □	
ロ　消費税法第12条の２第１項に規定する「新設法人」又は同法第12条の３第１項に規定する「特定新規設立法人」に該当する（該当していた）場合	設立年月日	平成／令和　年　月　日	
	基準期間がない事業年度に含まれる各課税期間中に調整対象固定資産の課税仕入れ等を行っていない	はい □	
ハ　消費税法第12条の４第１項に規定する「高額特定資産の仕入れ等」を行っている場合（同条第２項の規定の適用を受ける場合） （仕入れ等を行った資産が高額特定資産に該当する場合はＡの欄を、自己建設高額特定資産に該当する場合は、Ｂの欄をそれぞれ記載してください。）	Ａ　仕入れ等を行った課税期間の初日	平成／令和　年　月　日	
	Ａ　この届出による①の「適用開始課税期間」は、高額特定資産の仕入れ等を行った課税期間の初日から、同日以後３年を経過する日の属する課税期間までの各課税期間に該当しない	はい □	
	Ｂ　仕入れ等を行った課税期間の初日	平成／令和　年　月　日	
	Ｂ　建設等が完了した課税期間の初日	平成／令和　年　月　日	
	Ｂ　この届出による①の「適用開始課税期間」は、自己建設高額特定資産の建設等に要した仕入れ等に係る支払対価の額の累計額が１千万円以上となった課税期間の初日から、自己建設高額特定資産の建設等が完了した課税期間の初日以後３年を経過する日の属する課税期間までの各課税期間に該当しない	はい □	

※　消費税法第12条の４第２項の規定による場合は、ハの項目を次のとおり記載してください。
1「自己建設高額特定資産」を「調整対象自己建設高額資産」と読み替える。
2「仕入れ等を行った」は、「消費税法第36条第１項又は第３項の規定の適用を受けた」と、「自己建設高額特定資産の建設等に要した仕入れ等に係る支払対価の額の累計額が１千万円以上となった」は、「調整対象自己建設高額資産について消費税法第36条第１項又は第３項の規定の適用を受けた」と読み替える。

※　この届出書を提出した課税期間が、上記イ、ロ又はハに記載の各課税期間である場合、この届出書提出後、届出を行った課税期間中に調整対象固定資産の課税仕入れ等又は高額特定資産の仕入れ等を行うと、原則としてこの届出書の提出はなかったものとみなされます。詳しくは、裏面をご確認ください。

所得税法等の一部を改正する法律（平成28年法律第15号）（平成28年改正法）附則第40条第１項の規定による場合

次のニ又はホのうち、いずれか該当する項目を記載してください。

ニ	平成28年改正法附則第40条第１項に規定する「困難な事情のある事業者」に該当する （ただし、上記イ又はロに記載の各課税期間中に調整対象固定資産の課税仕入れ等を行っている場合又はこの届出書を提出した日を含む課税期間がハに記載の各課税期間に該当する場合には、次の「ホ」により判定する。）	はい □
ホ	平成28年改正法附則第40条第２項に規定する「著しく困難な事情があるとき」に該当する （該当する場合は、以下に「著しく困難な事情」を記載してください。） （　　）	はい □

参考事項	
税理士署名押印	印　（電話番号　－　－　）

※税務署処理欄					
整理番号		部門番号			
届出年月日	年　月　日	入力処理	年　月　日	台帳整理	年　月　日
通信日付印　年　月　日	確認印	番号確認			

注意　1．裏面の記載要領等に留意の上、記載してください。
　　　2．税務署処理欄は、記載しないでください。

※　この届出書を所得税法等の一部を改正する法律（平成二十八年法律第十五号）附則第四十条第一項の規定により提出しようとする場合には、令和元年七月一日以後提出することができます。

消費税簡易課税制度選択届出書の記載要領等

1　提出すべき場合

この届出書は、事業者が、その基準期間における課税売上高が5,000万円以下である課税期間について、簡易課税制度を適用しようとする場合に提出します（法37①）。

なお、簡易課税制度を選択した場合は、事業を廃止した場合等を除き、２年間継続した後でなければ簡易課税制度の選択をやめることはできません（法37⑥）。

（注）１　この届出書を提出した事業者のその課税期間の基準期間における課税売上高が5,000万円を超えることにより、その課税期間について簡易課税制度を適用できなくなった場合又はその課税期間の基準期間における課税売上高が1,000万円以下となり免税事業者となった場合であっても、その後の課税期間において基準期間における課税売上高が1,000万円を超え5,000万円以下となったときには、その課税期間の初日の前日までに「消費税簡易課税制度選択不適用届出書（第25号様式）」を提出している場合を除き、再び簡易課税制度が適用されます。

２　課税事業者を選択することにより課税事業者となった日から２年を経過する日までの間に開始した各課税期間中又は法第12条の２第１項に規定する新設法人若しくは法第12条の３第１項の特定新規設立法人が基準期間のない事業年度に含まれる各課税期間中に調整対象固定資産の課税仕入れ等を行った場合は、その仕入れ等の属する課税期間の初日から３年を経過する日の属する課税期間の初日以後でなければこの届出書を提出することはできません（法37③一、二)。

また、これら各課税期間中にこの届出書を提出した後、同一の課税期間に調整対象固定資産の課税仕入れ等を行った場合には、既に提出したこの届出書はその提出がなかったものとみなされます（法37④)。(課税事業者を選択した課税期間が事業を開始した課税期間である場合の当該課税期間又は設立の日の属する課税期間から簡易課税制度を適用しようとする場合には提出することができます。)

なお、この届出書の提出制限等の規定は、平成22年４月１日以後に「消費税課税事業者選択届出書（第１号様式)」を提出した事業者の同日以後開始する課税期間及び同日以後設立した法人に対して適用されます。

３　課税事業者が、高額特定資産の仕入れ等を行ったことにより、法第12条の４第１項の規定の適用を受ける場合には、その仕入れ等の日の属する課税期間の初日から３年を経過する日の属する課税期間の初日以後でなければこの届出書を提出することはできません。また、高額特定資産が自己建設高額特定資産に該当する場合には、当該自己建設高額特定資産の建設等に要した仕入れ等の対価の額（事業者免税点制度及び簡易課税制度の適用を受けない課税期間中において行った原材料費及び経費に係るものに限り、消費税相当額を除きます。）の累計額が1,000万円以上となった日の属する課税期間の初日から、当該自己建設高額特定資産の建設等が完了した日の属する課税期間の初日から３年を経過する日の属する課税期間の初日以後でなければこの届出書を提出することはできません（法37③三）。

なお、これら各課税期間中にこの届出書を提出した後、同一の課税期間に高額特定資産の仕入れ等を行った場合には、既に提出したこの届出書はその提出がなかったものとみなされます（法37④）。

４　事業者が、高額特定資産である棚卸資産等又は調整対象自己建設高額資産について、法第36条第１項又は第３項の規定の適用を受けたことにより、法第12条の４第２項の規定の適用を受ける場合には、法第36条第１項又は第３項の規定の適用を受けた課税期間（これらの規定の適用を受けることとなった日の前日までに建設等が完了していない調整対象自己建設高額資産にあっては、その建設等が完了した日の属する課税期間）の初日以後３年を経過する日の属する課税期間の初日以後でなければこの届出書を提出することはできません（法37③四）。

2　提出時期等

⑴　この届出書の効力は、原則として、提出した日の属する課税期間の翌課税期間から生じます。

したがって、簡易課税制度の適用を受けようとする課税期間の初日の前日までに提出しなければならないことになります。

なお、新規開業した事業者等は、その開業した課税期間の末日までにこの届出書を提出すれば、開業した日の属する課税期間から簡易課税制度の適用を受けることができます。

⑵　令和元年10月１日から令和２年９月30日までの日の属する課税期間において、課税仕入れ等（税込み）を税率ごとに区分して合計することにつき困難な事情がある事業者は、経過措置として、簡易課税制度の適用を受けようとする課税期間の末日までにこの届出書を提出すれば、届出書を提出した課税期間から簡易課税制度の適用を受けることができます（平成28年改正法附則40①）。

3　記載要領

⑴　元号は、該当する箇所に○を付します。

⑵　上記２⑵の経過措置により簡易課税制度の適用を受けようとする場合には、「所得税法等の一部を改正する法律（平成28年法律第15号）附則第40条第１項の規定により消費税法第37条第１項に規定する簡易課税制度の適用を受けたいので、届出します。」にチェックします。

⑶　「適用開始課税期間」欄には、簡易課税制度の適用を受けようとする課税期間の初日及び末日を記載します。

⑷　「①の基準期間」欄には、「適用開始課税期間」欄の基準期間の初日及び末日を記載します。

⑸　「②の課税売上高」欄には、基準期間における課税資産の譲渡等の対価の額の合計額を記載します。

なお、基準期間が１年に満たない法人については、その期間中の課税資産の譲渡等の対価の額の合計額をその期間の月数で除し、これを12倍した金額を記載します。

（注)「課税資産の譲渡等の対価の額の合計額」は、消費税額及び地方消費税額を含まない金額をいいます。また、輸出取引に係る売上高を含み、売上げに係る対価の返還等の金額（税抜き）を含みません。

⑹　「事業内容等」欄には、具体的な事業内容を記載するとともに、簡易課税制度の第一種事業から第六種事業の事業区分のうち、該当する事業の種類を記載します。

⑺　「提出要件の確認」欄のイ、ロ又はハには、次に該当する場合に上記１の（注）２から４の提出要件を満たしているか確認の上、記載します。なお、法第12条の４第２項の規定の適用を受ける事業者は、表面記載のとおり読み替えたところにより各欄を記載します。

イ　課税事業者を選択して課税事業者となっている者

ロ　提出を行う課税期間において法第12条の２第１項に規定する「新設法人」に該当する法人若しくは過去に該当していた法人又は提出を行う課税期間において法第12条の３第１項に規定する「特定新規設立法人」に該当する法人若しくは過去に該当していた法人

ハ　高額特定資産の仕入れ等を行っている者又は高額特定資産である棚卸資産等若しくは調整対象自己建設高額資産について法第36条第１項若しくは第３項の規定の適用を受けた者

⑻　「提出要件の確認」欄の「所得税法等の一部を改正する法律（平成28年法律第15号）（平成28年改正法）附則第40条第１項の規定による場合」欄には、ニ又はホのうち、いずれか該当する項目を記載します。

⑼　「参考事項」欄には、その他参考となる事項等がある場合に記載します。

⑽　記載内容等についてご不明な場合は、最寄りの税務署にお問い合わせください。

資料15　消費税簡易課税制度選択不適用届出書（様式）

消費税簡易課税制度選択不適用届出書

収受印

令和　年　月　日	届出者	（フリガナ）	
		納税地	（〒　－　） （電話番号　－　－　）
		（フリガナ）	
		氏名又は名称及び代表者氏名	印
＿＿＿＿税務署長殿		法人番号	※ 個人の方は個人番号の記載は不要です。

下記のとおり、簡易課税制度をやめたいので、消費税法第37条第5項の規定により届出します。

①	この届出の適用開始課税期間	自 平成/令和　年　月　日　至 平成/令和　年　月　日
②	①の基準期間	自 平成/令和　年　月　日　至 平成/令和　年　月　日
③	②の課税売上高	円
簡易課税制度の適用開始日		平成/令和　年　月　日
事業を廃止した場合の廃止した日		平成/令和　年　月　日
	個人番号 ※ 事業を廃止した場合には記載してください。	
参考事項		
税理士署名押印		印 （電話番号　－　－　）

※税務署処理欄	整理番号		部門番号			
	届出年月日	年　月　日	入力処理	年　月　日	台帳整理	年　月　日
	通信日付印 年　月　日	確認印	番号確認	身元確認 □ 済 □ 未済	確認書類	個人番号カード／通知カード・運転免許証 その他（　）

注意　1．裏面の記載要領等に留意の上、記載してください。
　　　2．税務署処理欄は、記載しないでください。

消費税簡易課税制度選択不適用届出書の記載要領等

1　提出すべき場合

この届出書は、簡易課税制度の適用を受けている事業者が、その適用を受けることをやめようとする場合又は事業を廃止した場合に提出します（法37⑤）。

なお、簡易課税制度を選択した場合は、事業を廃止した場合を除き、２年間継続した後でなければ簡易課税制度の適用をやめることはできません（法37⑥）。

2　提出時期等

この届出書の効力は、提出した日の属する課税期間の翌課税期間から生じます。

したがって、簡易課税制度の適用を受けることをやめようとする課税期間の初日の前日までに、この届出書を提出しなければならないことになります。

ただし、この届出書は、事業を廃止した場合を除いて、簡易課税制度の適用を開始した課税期間の初日から２年を経過する日の属する課税期間の初日以後でなければ提出することはできません。

(注)「簡易課税制度の適用を開始した課税期間の初日から２年を経過する日の属する課税期間の初日」とは、個人事業者又は事業年度が１年の法人の場合には、原則として簡易課税制度を選択した課税期間の翌課税期間の初日となります。

3　記載要領

⑴　元号は、該当する箇所に○を付します。

⑵　「この届出の適用開始課税期間」欄には、簡易課税制度の適用を受けることをやめようとする課税期間の初日及び末日を記載します。

⑶　「①の基準期間」欄には、「この届出の適用開始課税期間」欄の基準期間の初日及び末日を記載します。

⑷　「②の課税売上高」欄には、基準期間における課税資産の譲渡等の対価の額の合計額を記載します。

なお、基準期間が１年に満たない法人については、その期間中の課税資産の譲渡等の対価の額の合計額をその期間の月数で除し、これを12倍した金額を記載します。

(注)「課税資産の譲渡等の対価の額の合計額」は、消費税額及び地方消費税額を含まない金額をいいます。また、輸出取引に係る売上高を含み、売上げに係る対価の返還等の金額（税抜き）を含みません。

⑸　「簡易課税制度の適用開始日」欄には、先に提出した「消費税簡易課税制度選択届出書（第１号様式）」の効力が生じた日、すなわち、同届出書の「適用開始課税期間」欄の初日を記載します。

⑹　「事業を廃止した場合の廃止した日」欄には、事業を廃止した場合のその廃止年月日を記載します。

なお、個人事業者の方が事業を廃止した場合には、個人番号（12桁）を記載します。個人事業者の方がこの届出書の控えを保管する場合においては、その控えには個人番号を記載しないなど、個人番号の取扱いには十分にご注意ください。

⑺　「参考事項」欄には、その他参考となる事項等がある場合に記載します。

⑻　記載内容等についてご不明な場合は、最寄りの税務署にお問い合わせください。

資料16　消費税課税事業者選択届出書（様式）

第１号様式

消費税課税事業者選択届出書

収受印

令和　年　月　日 ＿＿＿＿税務署長殿	届出者	(フリガナ)	
		納税地	(〒　－　) (電話番号　－　－　)
		(フリガナ)	
		住所又は居所 (法人の場合) 本店又は主たる事務所の所在地	(〒　－　) (電話番号　－　－　)
		(フリガナ)	
		名称（屋号）	
		個人番号又は法人番号	↓個人番号の記載に当たっては、左端を空欄とし、ここから記載してください。
		(フリガナ)	
		氏名 (法人の場合) 代表者氏名	印
		(フリガナ)	
		(法人の場合) 代表者住所	(電話番号　－　－　)

下記のとおり、納税義務の免除の規定の適用を受けないことについて、消費税法第９条第４項の規定により届出します。

適用開始課税期間	自 ○平成 ○令和　年　月　日　至 ○平成 ○令和　年　月　日		
上記期間の基準期間	自 ○平成 ○令和　年　月　日	左記期間の総売上高	円
	至 ○平成 ○令和　年　月　日	左記期間の課税売上高	円

事業内容等	生年月日（個人）又は設立年月日（法人）	1明治・2大正・3昭和・4平成・5令和 ○　○　○　○　○ 年　月　日	法人のみ記載	事業年度	自　月　日　至　月　日
				資本金	円
	事業内容		届出区分	事業開始・設立・相続・合併・分割・特別会計・その他 ○　○　○　○　○　○　○	

参考事項		税理士署名押印	印 (電話番号　－　－　)

※税務署処理欄	整理番号		部門番号				
	届出年月日	年　月　日	入力処理	年　月　日	台帳整理	年　月　日	
	通信日付印 年　月　日	確認印	番号確認		身元確認 □済 □未済	確認書類	個人番号カード／通知カード・運転免許証 その他（　）

注意　1．裏面の記載要領等に留意の上、記載してください。
　　　2．税務署処理欄は、記載しないでください。

消費税課税事業者選択届出書の記載要領等

1　提出すべき場合

この届出書は、事業者が、基準期間における課税売上高が1,000万円以下である課税期間においても納税義務の免除の規定の適用を受けないこと、すなわち、課税事業者となることを選択しようとする場合に提出するものです（法9④）。

（注）1　基準期間のない事業年度の開始の日の資本金の額又は出資の金額が1,000万円以上の法人については、基準期間のない事業年度（一般的には、設立第1期目及び第2期目）においては、納税義務の免除の規定の適用はありませんから、この届出書を提出する必要はありません（「消費税の新設法人に該当する旨の届出書（第10－(2)号様式）」を提出することとなります。）。

また、基準期間のない事業年度の開始の日の資本金の額又は出資の金額が1,000万円未満の法人（新規設立法人）のうち、その基準期間がない事業年度開始の日において、一定の要件に該当するもの（特定新規設立法人）については、当該特定新規設立法人の基準期間のない事業年度においては、納税義務の免除の規定の適用はありませんから、この届出書を提出する必要はありません（「消費税の特定新規設立法人に該当する旨の届出書（第10－(3)号様式）」を提出することとなります。）。

なお、基準期間の課税売上高が計算できる課税期間（一般的には、設立第3期目）からは、原則として基準期間の課税売上高により納税義務の有無を判定します。したがって、設立第3期目において課税事業者となることを選択しようとする場合には、設立第2期目中にこの届出書を提出する必要があります。

2　この届出書を提出している事業者は、基準期間の課税売上高が1,000万円以下となった場合であっても、「消費税の納税義務者でなくなった旨の届出書（第5号様式）」の提出は要しません。

3　課税事業者を選択することをやめようとするときは、「消費税課税事業者選択不適用届出書（第2号様式）」を提出する必要があります（法9⑤）。

なお、この場合は事業を廃止した場合を除き、課税事業者を選択して納税義務者となった日から2年間継続した後でなければ、課税事業者をやめることはできません（法9⑥）。

さらに、この届出書を提出し課税事業者となった日から2年を経過する日までの間に開始した各課税期間（簡易課税制度の適用を受けている課税期間を除きます。）中に調整対象固定資産の課税仕入れ等を行った場合には、その課税仕入れ等の日の属する課税期間の初日から3年を経過する日の属する課税期間までは課税事業者をやめることはできません（法9⑦）。この場合、この間は一般課税による申告を行うこととなります（法37②）。

2　提出時期等

この届出書の効力は、提出した日の属する課税期間の翌課税期間から生じます。

したがって、課税事業者となることを選択しようとする課税期間の初日の前日までにこの届出書を提出しなければならないことになります。

なお、新規開業した事業者等は、その開業した課税期間の末日までにこの届出書を提出すれば、開業した日の属する課税期間から課税事業者を選択することができます。

3　記載要領

(1)　元号は、該当する箇所に○を付します。

(2)　「適用開始課税期間」欄には、納税義務が免除されないこととなる課税期間（課税事業者を選択する課税期間）の初日及び末日を記載します。

(3)　「上記期間の基準期間」欄には、「適用開始課税期間」欄の基準期間の初日及び末日を記載します。

(4)　「左記期間の総売上高」欄及び「左記期間の課税売上高」欄には、それぞれ基準期間に国内において行った資産の譲渡等の対価の額の合計額及び課税資産の譲渡等の対価の額の合計額を記載します。

なお、基準期間が1年に満たない法人については、その期間中の資産の譲渡等の対価の額の合計額及び課税資産の譲渡等の対価の額の合計額をその期間の月数で除し、これを12倍した金額を記載します。

（注）「資産の譲渡等の対価の額の合計額」及び「課税資産の譲渡等の対価の額の合計額」は、いずれも消費税額及び地方消費税額を含まない金額をいいます。また、輸出取引に係る売上高を含み、売上げに係る対価の返還等の金額（税抜き）を含みません。

なお、基準期間において免税事業者であった場合には、その課税期間中の課税売上高（「左記期間の課税売上高」欄）には消費税及び地方消費税が課税されていませんから、税抜きの処理を行う必要はありません。

(5)　「生年月日又は設立年月日」欄には、個人事業者は生年月日を、法人は設立年月日を記載します。

(6)　「事業年度」欄には、法人の事業年度を記載します（個人事業者の方は不要です。）。

なお、事業年度が1年に満たない法人については、「適用開始課税期間」欄に記載した開始月日を含む事業年度の初日及び末日を記載します。

また、設立一期目で事業年度が変則的なものとなる場合などは、通常時の事業年度を記載します。

(7)　「資本金」欄には、資本金の額又は出資の金額を記載します（個人事業者の方は不要です。）。

(8)　「届出区分」欄は、届出の事情に該当する項目に○を付します。

(9)　「参考事項」欄には、その他参考となる事項等がある場合に記載します。

(10)　個人事業者の方がこの届出書の控えを保管する場合においては、その控えには個人番号を記載しないなど、個人番号の取扱いには十分にご注意ください。

(11)　記載内容等についてご不明な場合は、最寄りの税務署にお問い合わせください。

資料17　消費税課税事業者選択不適用届出書（様式）

第２号様式

消費税課税事業者選択不適用届出書

収受印

令和　年　月　日 ＿＿＿＿税務署長殿	届出者	（フリガナ）	
		納税地	（〒　－　） （電話番号　－　－　）
		（フリガナ）	
		氏名又は名称及び代表者氏名	印
		個人番号又は法人番号	↓ 個人番号の記載に当たっては、左端を空欄とし、ここから記載してください。

下記のとおり、課税事業者を選択することをやめたいので、消費税法第９条第５項の規定により届出します。

①	この届出の適用開始課税期間	自 ○平成 ○令和　年　月　日　至 ○平成 ○令和　年　月　日
②	①の基準期間	自 ○平成 ○令和　年　月　日　至 ○平成 ○令和　年　月　日
③	②の課税売上高	円

※　この届出書を提出した場合であっても、特定期間（原則として、①の課税期間の前年の１月１日（法人の場合は前事業年度開始の日）から６か月間）の課税売上高が１千万円を超える場合には、①の課税期間の納税義務は免除されないこととなります。詳しくは、裏面をご覧ください。

課税事業者となった日	○平成 ○令和　年　月　日	
事業を廃止した場合の廃止した日	○平成 ○令和　年　月　日	
提出要件の確認	課税事業者となった日から２年を経過する日までの間に開始した各課税期間中に調整対象固定資産の課税仕入れ等を行っていない。	はい □
	※　この届出書を提出した課税期間が、課税事業者となった日から２年を経過する日までに開始した各課税期間である場合、この届出書提出後、届出を行った課税期間中に調整対象固定資産の課税仕入れ等を行うと、原則としてこの届出書の提出はなかったものとみなされます。詳しくは、裏面をご確認ください。	
参考事項		
税理士署名押印	印 （電話番号　－　－　）	

※税務署処理欄	整理番号		部門番号			
	届出年月日	年　月　日	入力処理	年　月　日	台帳整理	年　月　日
	通信日付印 年　月　日	確認印	番号確認	身元確認 □ 済 □ 未済	確認書類	個人番号カード／通知カード・運転免許証 その他（　）

注意　１．裏面の記載要領等に留意の上、記載してください。
　　　２．税務署処理欄は、記載しないでください。

消費税課税事業者選択不適用届出書の記載要領等

1　提出すべき場合
　この届出書は、消費税課税事業者選択届出書を提出している事業者が、その選択をやめようとする場合又は事業を廃止した場合に提出します（法９⑤）。
　なお、課税事業者を選択した場合は、事業を廃止した場合を除き、２年間継続した後でなければ課税事業者をやめることはできません（法９⑥）。
（注）１　上記の課税事業者をやめることができない期間（簡易課税制度の適用を受けている課税期間を除きます。）中に調整対象固定資産の課税仕入れ等を行った場合には、その仕入れ等の日の属する課税期間の初日から３年を経過する日の属する課税期間の初日以後でなければ、事業を廃止した場合を除き、この届出書を提出することはできません（法９⑦）。また、当該課税事業者をやめることができない期間中に、この届出書を提出した後、同一の課税期間に調整対象固定資産の課税仕入れ等を行った場合には、既に提出したこの届出書はその提出がなかったものとみなされます（法９⑦）。
　なお、この届出書の提出制限等の規定は、平成22年４月１日以後に「消費税課税事業者選択届出書（第１号様式）」を提出した事業者の同日以後開始する課税期間について適用されます。
２　この届出書を提出した場合であっても、「この届出の適用開始課税期間」欄の課税期間の特定期間（※）における課税売上高（課税売上高に代えて給与等支払額の合計額によることもできます。）が1,000万円を超えたことにより、その課税期間における納税義務が免除されないこととなる場合は、「消費税課税事業者届出書（特定期間用）（第３－(2)号様式）」を提出します（法57①一）。
※　特定期間とは、個人事業者の場合はその年の前年の１月１日から６月30日までの期間、法人の場合は、原則として、その事業年度の前事業年度開始の日以後６か月の期間をいいます。ただし、新たに設立した法人で決算期変更を行った法人等は、その法人の設立日や決算期変更の時期がいつであるかにより特定期間が異なる場合があります。詳しくは、最寄りの税務署にお問い合わせください。

2　提出時期等
　この届出書の効力は、提出した日の属する課税期間の翌課税期間から生じます。
　したがって、選択をやめようとする課税期間の初日の前日までにこの届出書を提出しなければならないこととなります。
　ただし、この届出書は、事業を廃止した場合を除き、消費税課税事業者選択届出書の効力が生じた日から２年を経過する日の属する課税期間の初日以降でなければ提出することはできません。
（注）「消費税課税事業者選択届出書の効力が生じた日から２年を経過する日の属する課税期間の初日」とは、個人事業者又は事業年度が１年の法人の場合には、原則として消費税課税事業者選択届出書の効力が生じた年又は事業年度の翌年又は翌事業年度の初日となります。

3　記載要領
(1)　元号は、該当する箇所に○を付します。
(2)　「この届出の適用開始課税期間」欄には、課税選択をやめようとする課税期間の初日及び末日を記載します。
(3)　「①の基準期間」欄には、「この届出の適用開始課税期間」欄に記載した課税期間の基準期間についてその初日及び末日を記載します。
(4)　「②の課税売上高」欄には、基準期間における課税資産の譲渡等の対価の額の合計額を記載します。
　なお、基準期間が１年に満たない法人については、その期間中の課税資産の譲渡等の対価の額の合計額をその期間の月数で除し、これを12倍した金額を記載します。
（注）「課税資産の譲渡等の対価の額の合計額」は、消費税額及び地方消費税額を含まない金額をいいます。また、輸出取引に係る売上高を含み、売上げに係る対価の返還等の金額（税抜き）を含みません。
(5)「課税事業者となった日」欄には、先に提出した「消費税課税事業者選択届出書（第１号様式）」の効力が生じた日、すなわち、同届出書の「適用開始課税期間」欄の初日を記載します。
(6)「事業を廃止した場合の廃止した日」欄には、事業を廃止した場合のその廃止年月日を記載します。
(7)「提出要件の確認」欄により、課税事業者となった日から２年を経過する日までの間に開始した各課税期間中に調整対象固定資産の課税仕入れ等がないことを確認してください（１（注）参照）。
(8)「参考事項」欄には、その他参考となる事項等がある場合に記載します。
(9) 個人事業者の方がこの届出書の控えを保管する場合においては、その控えには個人番号を記載しないなど、個人番号の取扱いには十分にご注意ください。
(10) 記載内容等についてご不明な場合は、最寄りの税務署にお問い合わせください。

2

その他資料

資料18　収入保険（農林水産省パンフレット）

農業を経営する皆様へ

「収入保険」は、

様々なリスクから農業経営を守ります！

補てん金を受け取った方の声をご紹介します！

自然災害による果樹の収入減で補てん

青森県平川市　八木橋 秀之さん（49）
りんご170a、水稲110a、ミニトマト（ビニールハウス４棟）

令和元年の夏場の干ばつによる生育不良や、強風による落果で、りんごが例年より３割程収量が減少し、農業収入が予想していた以上に少なくなりました。収入保険の補てん金をいただいたので、今年も安心して農業に取り組むことができます。

価格低下による野菜の収入減で補てん

愛知県田原市　荒木 隆男さん（50）
キャベツ4ha、メロン20a、トウモロコシ120a

近年キャベツ相場が安定していた矢先、平成30年と令和元年の価格が暴落してしまいました。そんなタイミングで収入保険の補てん金をいただき、とても助かりました。保険期間中のつなぎ融資（無利子）もあり、助かりました。

補てん金の請求から受取までが速い

宮崎県都城市　海江田 留男さん（67）
ミニトマト24a、水稲100a、WCS150a

農業収入のほとんどを占めるミニトマトが、虫害による収量減少、価格低下により、予想以上の収入減少となり、収入保険の補てん金を受取りました。補てん金の請求から受取りまでが速く、担当者のサポートもあり助かりました。

農林水産省

収入保険は、自然災害や価格低下だけでなく
農業者の経営努力では避けられない収入減少が
補償の対象です！

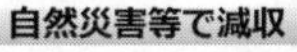

加入できる方

青色申告を行っている農業者（個人・法人）です。

※　保険期間開始前に加入申請を行います。

※　加入申請時に、青色申告実績（簡易な方式を含む）が１年分あれば加入できます。

※　収入保険と、農業共済、ナラシ対策、野菜価格安定制度などの類似制度は、どちらかを選択して加入します。

◎　**令和３年１月からは、当分の間の特例として、**
野菜価格安定制度の利用者が初めて収入保険に加入する場合、
収入保険と野菜価格安定制度を同時利用(1年間)することができます。

※　同時利用される方は、収入保険の保険料等と野菜価格安定制度の生産者の負担金の両方を支払います。

※　また、収入保険の保険期間中に、野菜価格安定制度の補給金を受け取った場合、収入保険の補填金の計算上、その金額を控除します。

保険期間

税の収入算定期間と同じです。

個人：**1月～12月**　法人：**事業年度の１年間**

補償内容

保険期間の収入（農産物の販売収入）が、**基準収入の９割を下回ったとき**に、**下回った額の９割を上限に補てん**します。

※　基準収入は、過去5年間の平均収入（５中５）を基本に、保険期間の営農計画も考慮して設定（規模拡大など上方補正）

※　毎年の農産物（自ら生産したもの）の販売収入は、青色申告決算書等を用いて整理します。

※　農産物の販売収入には、精米、仕上茶などの簡易な加工品の販売収入も含められます。

※　肉用牛、肉用子牛、肉豚、鶏卵は対象外です。

収入保険の補てん方式

保険方式（掛捨て）と積立方式（掛捨てではない）の組み合わせができます。

基本のタイプでは、
例えば、**基準収入1,000万円**の場合、
保険方式の**保険料7.8万円**、
積立方式の**積立金22.5万円**、
付加保険料2.2万円で、
最大810万円の補てんが受けられます。

保険期間の**収入がゼロ**になったときは、
810万円（積立金90万円、保険金720万円）の補てんが受けられます。

※ 保険料には50%、積立金には75%、付加保険料には50%の国庫補助があります。積立金は補てんに使われなければ、翌年に持ち越します。
※ 保険料、積立金は分割払ができます。（最大9回）

基本のタイプ

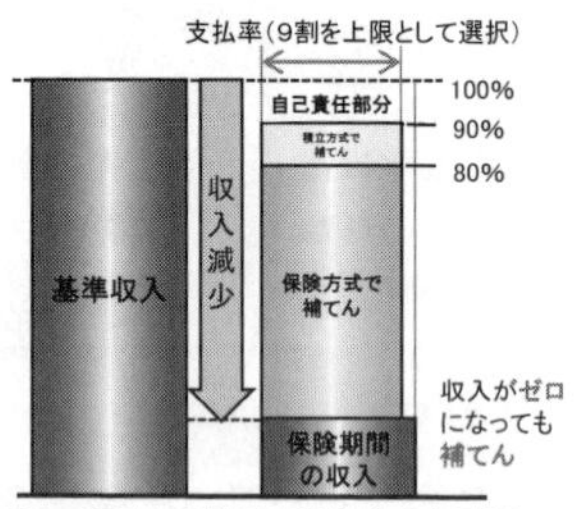

（注）5年以上の青色申告実績がある方の場合

保険料の安いタイプもあります！

保険方式の補償の下限を選択することで、保険料を安くすることができます。
※ **補償の下限は、基準収入の70%、60%、50%から選択**できます。

基準収入の70%を補償の下限とすると、
例えば、**基準収入が1,000万円**の場合、
保険料4.4万円（基本のタイプより約4割安い）、
積立金22.5万円、
付加保険料1.9万円で、
保険期間の収入が**700万円**になったときは、**180万円（積立金90万円、保険金90万円）の補てん**が受けられます。

ただし、**700万円を下回った分の補てんはありません。**

基準収入の70%を補償の下限とした場合の補てん方式

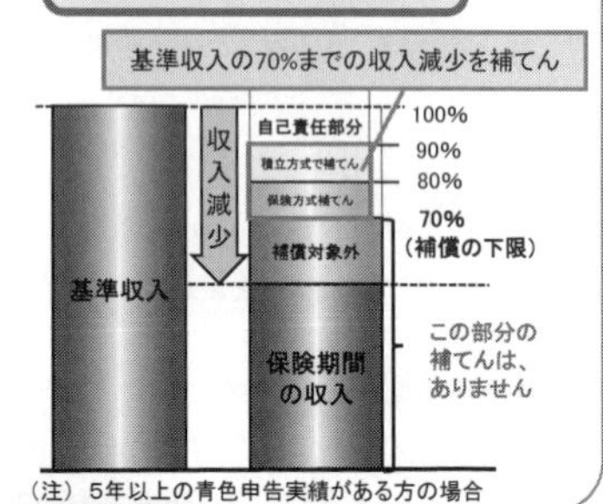

（注）5年以上の青色申告実績がある方の場合

無利子のつなぎ融資が受けられます！

収入保険の補てん金の支払は、保険期間の終了後になりますが、**保険期間中**であっても、
自然災害や価格低下等により、**補てん金の受け取りが見込まれる場合**、NOSAI全国連から、
無利子のつなぎ融資を受けることができます。

収入保険に関心のある方は、全国農業共済組合連合会又は相談窓口へお問い合わせください。

全国農業共済組合連合会

〒102-0082　東京都千代田区一番町19番地
TEL：03-6265-4800(代)
ホームページ：http://nosai-zenkokuren.or.jp/

（ホームページ）

（Facebook）

都道府県	相談窓口	TEL	ホームページURL
北海道	北海道農業共済組合連合会	011-271-7235	https://www.hknosai.or.jp
	みなみ北海道農業共済組合本所	0144-84-5860	https://minami-hkd-nosai.or.jp/
	北海道中央農業共済組合本所	0164-22-7070	https://www.nosaido.or.jp/
	十勝農業共済組合本所	0155-59-2006	https://www.tokachi-nosai.or.jp/
	北海道ひがし農業共済組合本所	0153-77-9183	http://www.nosai-doto.or.jp/
	オホーツク農業共済組合	0157-66-6701	https://www.hknosai.or.jp/cgi-bin/index.pl
青森県	青森県農業共済組合本所	017-775-1165	http://www.nosai-aomori.or.jp/
岩手県	岩手県農業共済組合本所	019-601-7492	http://nosai-iwate.net/
宮城県	宮城県農業共済組合本所	022-225-6703	https://www.nosaimiyagi.or.jp/
秋田県	秋田県農業共済組合本所	018-884-5254	http://www.nosaiakita.or.jp/
山形県	山形県農業共済組合本所	023-665-4700	http://www.yynosai.or.jp/
福島県	福島県農業共済組合本所	024-521-2730	https://www.fukushima-nosainet.jp/
茨城県	茨城県農業共済組合連合会	029-215-8882	https://www.nosai-ibaraki.or.jp/
	水戸地方農業共済事務組合	029-293-8801	http://nosai-mito.or.jp/
	県央南農業共済組合本所	0296-72-7321	http://nosai-kenominami.or.jp/
	茨城北農業共済事務組合本所	0294-72-6226	http://nosai-ibakita.or.jp/
	鹿行農業共済組合	0299-90-4000	http://www.nosai-rokko.or.jp/
	茨城県みなみ農業共済組合	029-839-0161	http://nosai-minami.or.jp/
	茨城県西農業共済組合	0296-30-2912	http://www.nosai-ibanishi.or.jp/
栃木県	栃木県農業共済組合本所	028-683-5531	https://www.nosai-tochigi.or.jp/
群馬県	群馬県農業共済組合本所	027-251-5631	https://www.nosai-gunma.or.jp/
埼玉県	埼玉県農業共済組合本所	048-645-2141	http://nosai-saitama.or.jp/
千葉県	千葉県農業共済組合本所	043-245-7447	https://www.nosai-chiba.or.jp/
東京都	東京都農業共済組合	042-381-7111	http://www.nosai-tokyo.jp/
神奈川県	神奈川県農業共済組合本所	0463-94-3211	http://www.nosai-kanagawa.jp/
山梨県	山梨県農業共済組合本所	055-228-4711	https://www.nosai-yamanashi.or.jp/
新潟県	新潟県農業共済組合連合会	025-266-4141	http://www.nosai-niigata.or.jp/
	新潟県農業共済組合本所	025-282-9292	https://www.nosai-nk.or.jp/
	中越農業共済組合	0258-36-8050	http://www.nosai-chuetsu.or.jp/
富山県	富山県農業共済組合本所	076-461-5333	http://www.nosai-toyama.or.jp/
石川県	石川県農業共済組合本所	076-239-3111	http://www.nosai-ishikawa.or.jp/
福井県	福井県農業共済組合本所	0778-53-2701	https://www.nosai-fukui.jp/
長野県	長野県農業共済組合本所	026-217-5919	https://www.nosai-nagano.or.jp/
岐阜県	岐阜県農業共済組合本所	058-270-0082	https://nosai-gifu.or.jp/
静岡県	静岡県農業共済組合連合会	054-251-3511	https://www.nosai-shizuoka.or.jp/
	静岡県東部農業共済組合本所	055-949-1063	http://www.tobu.nosai-shizuoka.or.jp/
	静岡県中部農業共済組合本所	0547-37-1751	http://www.chubu.nosai-shizuoka.or.jp/home.asp
	静岡県西部農業共済組合本所	0538-42-2816	http://www.seibu.nosai-shizuoka.or.jp/

都道府県	相談窓口	TEL	ホームページURL
愛知県	愛知県農業共済組合本所	052-204-2411	https://www.nosai-aichi.jp/
三重県	三重県農業共済組合本所	059-228-5135	http://www.nosaimie.or.jp/
滋賀県	滋賀県農業共済組合本所	077-524-4688	http://www.nosai-shiga.or.jp/
京都府	京都府農業共済組合本所	075-222-5700	http://www.kyoto-nosai.jp/
大阪府	大阪府農業共済組合本所	06-6941-8736	http://nosai-osaka.com/
兵庫県	兵庫県農業共済組合本所	078-332-7169	http://www.nosai-hyogo.or.jp/
奈良県	奈良県農業共済組合本所	0744-21-6312	http://www.nosainara.jp/
和歌山県	和歌山県農業共済組合本所	073-436-0771	http://www.nosai-wakayama.or.jp/
鳥取県	鳥取県農業共済組合本所	0858-37-5631	http://www.nosai-tottori.jp/
島根県	島根県農業共済組合本所	0853-22-1478	http://www.nosai-shimane.jp/
岡山県	岡山県農業共済組合本所	086-277-5548	https://www.ok-nosai.or.jp/
広島県	広島県農業共済組合本所	082-262-4711	http://www.nosai-hiroshima.or.jp/
山口県	山口県農業共済組合本所	083-972-7500	http://ymgc-nosai.org/
徳島県	徳島県農業共済組合本所	088-622-7731	https://www.nosai-tokushima.jp/
香川県	香川県農業共済組合本所	087-899-8977	http://nosai-kagawa.jp/
愛媛県	愛媛県農業共済組合本所	089-941-8135	http://www.e-nosai.or.jp/
高知県	高知県農業共済組合本所	088-856-6550	http://www.nosai-kochi.or.jp/
福岡県	福岡県農業共済組合本所	092-721-5521	http://nosai-fukuoka.or.jp/
佐賀県	佐賀県農業共済組合本所	0952-31-4171	https://www.nosai-saga.or.jp/
長崎県	長崎県農業共済組合本所	0957-23-6161	http://www.nosai-ngs.or.jp/
熊本県	熊本県農業共済組合本所	0964-25-3202	http://www.nosai-kumamoto.or.jp/
大分県	大分県農業共済組合本所	097-544-8110	http://www.nosai-oita.jp/wp/
宮崎県	宮崎県農業共済組合本所	0985-41-4747	https://nosai-miyazakiken.jp/
鹿児島県	鹿児島県農業共済組合連合会	099-255-6161	https://www.nosai-net.or.jp/
	南薩農業共済組合	0993-58-3100	https://www.nosai-net.or.jp/kagoshimaNOSAI/index_nansatsu.html
	北薩農業共済組合	0996-53-0666	https://www.nosai-net.or.jp/kagoshimaNOSAI/index_hokusatsu.html
	かごしま中部農業共済組合	0995-59-3211	https://www.nosai-net.or.jp/kagoshimaNOSAI/index_tyubu.html
	曽於農業共済組合	099-482-0205	https://www.nosai-net.or.jp/kagoshimaNOSAI/index_soo.html
	肝属農業共済組合	0994-48-3180	https://www.nosai-net.or.jp/kagoshimaNOSAI/index_kimotsuki.html
	熊毛農業共済組合	0997-27-2278	https://www.nosai-net.or.jp/kagoshimaNOSAI/index_kumage.html
	大島農業共済事務組合	0997-63-2442	https://www.nosai-net.or.jp/kagoshimaNOSAI/index_oshima.html
	南大島農業共済組合	0997-86-2389	https://www.nosai-net.or.jp/kagoshimaNOSAI/index_minami.html
沖縄県	沖縄県農業共済組合本所	098-833-8132	http://www.nosai-okinawa.jp/

Webサイトでは様々な情報を公開中！
https://www.maff.go.jp/j/keiei/nogyohoken/syunyuhoken/index.html

〈お問い合わせ先〉
農林水産省経営局保険課（03-6744-7147）

（2020.7）

資料19　収入保険に係る税務・会計の取扱いについて（農林水産省資料）

平成30年4月2日

収入保険に係る税務・会計の取扱いについて

	項目		税務・会計の取扱いについて
保険方式	保険料及び事務費		○保険料及び事務費は、保険期間の必要経費（個人）、又は損金（法人）に計上する。 ○会計上は損益計算書の経費欄に「収入保険保険料・事務費」と記載する。
保険方式	保険金		○「収入保険補てん収入」として保険期間の雑収入に計上する。 ○農業者が計算する保険金等の見積額は、個人の場合は損益計算書の収入金額欄の雑収入、法人の場合は損益計算書の特別利益に計上するとともに、貸借対照表の資産の部の未収金に計上する。 ○当該見積額と実際に支払われた保険金等の額との間に差額が生じた場合、その差額が少額であるときは、保険期間の翌年又は翌事業年度分の所得の計算上、当該差額を減算又は加算して調整することができる。 ○実際の保険金等の額が見積額より少なかった場合、その差額について、損益計算書の経費欄に「前年分の収入保険の保険金等の差額」として計上する。 ○実際の保険金等の額が見積額より多かった場合、その差額について、収入金額欄の雑収入に「前年分の収入保険の保険金等の差額」として計上する。
積立方式	積立金		○預け金として取り扱われ、課税関係は生じない（個人・法人）。 ○会計上は、貸借対照表の資産の部に「収入保険積立金」として計上。
積立方式	特約補てん金	農業者の積立分	○預け金として取り扱われ、課税関係は生じない（個人・法人）。 ○会計上は、特約補てん金のうち農業者積立分は、貸借対照表の資産の部に「普通預金」等として計上。
積立方式	特約補てん金	国庫補助相当分	○保険金と同じ扱い。

資料20　平成30年個人課税課情報第２号・法人課税課情報第２号

個人課税課情報 法人課税課情報	第２号 第２号	平成 30 年４月６日	国　税　庁 個人課税課 法人課税課

農業経営収入保険に係る税務上の取扱いについて（情報）

標題のことについては、農業保険法（昭和２２年法律第１８５号）において農業経営収入保険事業が創設されたことに伴い、農林水産省が、「農業経営収入保険に係る税務上の取扱いについて」（平成 30 年４月２日付 29 経営第 3611 号農林水産省経営局保険課長通知）により別添のとおり通知しているので了知されたい。

・　別添　農業経営収入保険に係る税務上の取扱いについて（平成 30 年４月２日付 29 経営第 3611 号農林水産省経営局保険課長通知）

＜参考＞

収入保険制度の導入及び農業災害補償制度の見直しについて（農林水産省ＨＰ）

http://www.maff.go.jp/j/keiei/nogyohoken/syu_kyosai.html

２９経営第３６１１号
平成３０年４月２日

全国農業共済組合連合会会長理事　殿

農林水産省経営局保険課長

農業経営収入保険に係る税務上の取扱いについて

農業経営収入保険（以下「収入保険という」。）に係る保険料等の税務上の取扱いについて、国税庁課税部と協議した結果、下記のとおりとなったので通知する。
ついては、収入保険に加入する者その他関係者に対して周知されたい。

記

1　収入保険の保険料及び事務費について
収入保険の保険料及び事務費は、保険期間の必要経費（個人）又は損金の額（法人）に算入する。

2　収入保険の積立金について
収入保険の積立金は預け金として取り扱われ、課税関係は生じない。

3　収入保険の保険金等について
収入保険の保険金及び特約補填金のうち国庫補助相当分（以下「保険金等」という。）は、保険期間の年又は事業年度分の総収入金額（個人）又は益金（法人）の額に算入する。
なお、農業者が計算する保険金等の見積額により確定申告がなされ、当該見積額と実際に支払われた保険金等の額との間に差額が生じた場合、その差額が少額であるときは、保険期間の年又は事業年度分の所得の金額を是正することに代えて、保険期間の翌年又は翌事業年度分の所得の金額の計算上、当該差額を減算又は加算して調整することができる。

資料21　肉用牛売却証明書

別紙様式１　　　　売却証明書番号＿＿＿＿＿＿

肉　用　牛　売　却　証　明　書

<table>
<tr><td>売却者の氏名
（法人にあっては、名称、代表者氏名）</td><td colspan="3"></td><td>住　所</td><td colspan="2"></td></tr>
<tr><td>売却年月日</td><td colspan="3">年　月　日</td><td>売却価額※（注１）</td><td colspan="2">外　円
円</td></tr>
<tr><td rowspan="4">売却した市場</td><td colspan="2">市場の名称</td><td colspan="4"></td></tr>
<tr><td colspan="2">市場の所在地</td><td colspan="4"></td></tr>
<tr><td colspan="2">市場の種類
※（注２）</td><td colspan="4">家畜市場、中央卸売市場、臨時市場、認定市場（　　　）</td></tr>
<tr><td colspan="2">免税の対象市場に該当することとなった年月日</td><td colspan="4">年　月　日</td></tr>
<tr><td rowspan="6">売却した肉用牛</td><td rowspan="2">種別※（注２）</td><td colspan="2">黒毛和種、褐毛和種、日本短角種、無角和種
黒毛和種×褐毛和種、和牛間交雑種、肉専用種、交雑種</td><td>雌雄の別</td><td colspan="2">雄、去勢、雌</td></tr>
<tr><td colspan="2">ホルスタイン種、ジャージー種、乳用種（　　）</td><td>雌雄の別</td><td colspan="2">雄、去勢、雌
（子牛の生産の用に供されたことの　有　無
※（注３））</td></tr>
<tr><td colspan="2">生年月日</td><td colspan="4">年　月　日</td></tr>
<tr><td colspan="2">個体識別番号</td><td colspan="4"></td></tr>
<tr><td colspan="3" rowspan="3">家畜改良増殖法に規定する登録※（注４）

（登録証明書は別添）</td><td colspan="3">登録の名称（番号）　　（　第　　号）</td></tr>
<tr><td colspan="3">登録機関の名称</td></tr>
</table>

登録機関の所在地	

上記のとおり売却されたことを証明します。

年　月　日

市場の所在地

市場名

代表者氏名印

（中央卸売市場、地方卸売市場にあっては、卸売人の氏名印）

用紙　ＪＩＳ　Ｂ６

（裏　面）
　この証明書は、租税特別措置法第２５条第１項第１号及び第６７条の３第１項第１号に規定する肉用牛の売却に係る場合のみ発行する。
（注１）「売却価額」欄には、せり売り、入札又は相対取引に係る価格のうち、消費税の軽減税率の対象となる枝肉その他食用に供されるもの（以下「枝肉等」という。）にあっては８パーセント、それ以外のものにあっては10パーセントに相当する金額を上乗せする前の金額の合計額を本書きし、当該８パーセント又は10パーセントに相当する金額の合計額を外書きする。
（注２）該当部分を○でかこむ。その他の場合は（　　）内に記入する。
（注３）ホルスタイン種、ジャージー種又は乳用種の雌の場合は、子牛の生産の用に供されたことの有無を確認し、該当部分を○でかこむ。
（注４）租税特別措置法施行令第１７条第１項及び第３９条の２６第１項の規定に基づき農林水産大臣が指定した登録に該当する肉用牛であって、売却価額（枝肉等にあっては８パーセント、それ以外のものにあっては10パーセントに相当する金額を上乗せする前の金額の合計額）が１００万円以上の場合にのみ記入する。
　なお、その場合は、当該登録機関が発行する登録証明書の写しを添付のこと。

資料22　肉用牛子牛売却証明書

別紙様式２　　　　　　　　　　　　　　　　　　　売却証明書番号

肉 用 子 牛 売 却 証 明 書

<table>
<tr><td>売却者の氏名
（法人にあっては、名称、代表者氏名）</td><td colspan="2"></td><td colspan="2">住　所</td><td colspan="2"></td></tr>
<tr><td>売 却 年 月 日</td><td colspan="2">年　　月　　日</td><td colspan="2">売却価額※（注１）</td><td colspan="2">外　　　　円
円</td></tr>
<tr><td rowspan="3">委託をした農業協同組合又は農業協同組合連合会</td><td colspan="2">名　　称</td><td colspan="4"></td></tr>
<tr><td colspan="2">所　在　地</td><td colspan="4"></td></tr>
<tr><td colspan="2">指定年月日
※（注２）</td><td colspan="4">年　　月　　日</td></tr>
<tr><td rowspan="4">売却した肉用子牛</td><td rowspan="2">種別
※（注３）</td><td colspan="2">黒毛和種、褐毛和種、
日本短角種、無角和種
黒毛和種×褐毛和種、
和牛間交雑種、肉専用種、
交雑種</td><td>雌雄の別</td><td colspan="2">雄、去勢、雌</td></tr>
<tr><td colspan="2">ホルスタイン種、ジャージー種、
乳用種（　　　）</td><td>雌雄の別</td><td colspan="2">雄、去勢、雌
（子牛の生産の用に供されたことの　　有　　無
※（注４））</td></tr>
<tr><td>生 年 月 日</td><td colspan="5">年　　月　　日　（売却時月齢　　月）</td></tr>
<tr><td>個体識別番号</td><td colspan="5"></td></tr>
<tr><td rowspan="2">代理した農業協同組合
※（注５）</td><td colspan="2">名　　称</td><td colspan="4"></td></tr>
<tr><td colspan="2">所　在　地</td><td colspan="4"></td></tr>
</table>

上記肉用子牛の売却につき委託を受け売却したことを証明します。

年　　月　　日

受託者　農協（農協連）所在地

農協（農協連）名

代表者氏名印

用紙　ＪＩＳ　Ｂ６

（裏　面）

この証明書は、租税特別措置法第２５条第１項第２号及び第６７条の３第１項第２号に規定する肉用牛の売却に係る場合のみ発行する。

（注１）「売却価額」欄には、せり売り、入札又は相対取引に係る価格の 10 パーセントに相当する金額を上乗せする前の金額を本書きし、当該 10 パーセントに相当する金額を外書きする。

（注２）農林水産大臣が指定した年月日を記入する。

（注３）該当部分を○でかこむ。その他の場合は（　　）内に記入する。

（注４）ホルスタイン種、ジャージー種又は乳用種の雌の場合は、子牛の生産の用に供されたことの有無を確認し、該当部分を○でかこむ。

（注５）農業協同組合連合会が証明する場合で、その会員たる農業協同組合が、個人又は農地所有適格法人を代理した場合にのみ記入する。

資料23　消費税課税取引判定表（農業所得用）

この判定表は、事業所得等の青色申告決算書等の科目ごとに、消費税の課税取引になるかどうかの、おおよその基準を示しています。
実際の判定に当たっては、その内容をよく検討してください。
なお、判定が難しい場合や、詳しく知りたい場合は、所轄の税務署にお尋ねください。

消費税課税取引判定表（農業所得用）

科目		課否	課税取引（課税売上げ・課税仕入れ）にならないもの
収入金額	販売金額	△	【免税となるもの】輸出取引等収入
	家事消費金額	○	
	事業消費金額	▽	種苗等による事業消費
	雑収入	△	【非課税となるもの】受取利息 【消費税の対象とならないもの】対価性のない補助金、保険金
	小計		
	農産物の棚卸高　期首		(注)
	農産物の棚卸高　期末		(注)
	計		
経費	租税公課	▽	印紙税、固定資産税、自動車税
	種苗費	△	自給分
	素畜費	△	自給分
	肥料費	△	自給分
	飼料費	△	自給分
	農具費	○	
	農薬・衛生費	○	
	諸材料費	○	
	修繕費	○	
	動力光熱費	○	
	作業用衣料費	○	
	農業共済掛金	×	全て課税仕入れになりません。
	減価償却費	×	全て課税仕入れになりません。（減価償却資産の購入代金は課税仕入れ）
	荷造運賃手数料	△	国際運賃
	雇人費	▽	雇用労賃（ただし雇人の賄費などは課税仕入れ）
	利子割引料	×	全て課税仕入れになりません。
	地代・賃借料	△	地代
	土地改良費	▽	経常賦課金、道路や用水路等に係る特別賦課金
	貸倒金	×	(注) 別途、貸倒れに係る税額控除の対象となります。
	雑費	△	損害賠償金
	小計		
	農産物以外の棚卸高　期首		(注)
	農産物以外の棚卸高　期末		(注)
	経費から差し引く果樹牛馬等の育成費用		未成熟の果樹等から生じた収入金額を育成費用から差し引いている場合は、課税売上高に加算してください。
	計		
差引金額			
引当金等	貸倒引当金繰戻し	×	
	専従者給与	×	
	貸倒引当金繰入れ	×	
青色申告特別控除前の所得金額			
青色申告特別控除額		×	
所得金額			

注）平成30年が免税事業者であった場合、もしくは令和２年に免税事業者となる場合には、消費税の調整額の計算が必要です。

判定表の記号の意味は、次のとおりです。
○…課税売上げ（仕入れ）になるもの　　×…課税売上げ（仕入れ）にならないもの
△…大部分は課税売上げ（仕入れ）になるが、課税売上げ，（仕入れ）にならないものもあるもの
▽…大部分は課税売上げ（仕入れ）にならないが、課税売上げ（仕入れ）になるものもあるもの

資料24　課税取引金額計算表（農業所得用）

課 税 取 引 金 額 計 算 表

（令和　　年分）　　　　　　　　　　　　　　　　　　　　　　　　（農業所得用）

科目			決算額 A	Aのうち課税取引にならないもの(※1) B	課税取引金額 (A－B) C	R1.9.30以前(※2) うち旧税率6.3%適用分 D	R1.10.1以後(※2) うち軽減税率6.24%適用分 E	R1.10.1以後(※2) うち標準税率7.8%適用分 F
収入金額	販売金額	①	円	円	円	円	円	円
収入金額	家事消費・事業消費 金額	②						
収入金額	雑収入	③						
収入金額	未成熟果樹収入							
収入金額	小計	④						
収入金額	農産物の棚卸高 期首	⑤						
収入金額	農産物の棚卸高 期末	⑥						
収入金額	計	⑦						
経費	租税公課	⑧						
経費	種苗費	⑨						
経費	素畜費	⑩						
経費	肥料費	⑪						
経費	飼料費	⑫						
経費	農具費	⑬						
経費	農薬・衛生費	⑭						
経費	諸材料費	⑮						
経費	修繕費	⑯						
経費	動力光熱費	⑰						
経費	作業用衣料費	⑱						
経費	農業共済掛金	⑲						
経費	減価償却費	⑳						
経費	荷造運賃手数料	㉑						
経費	雇人費	㉒						
経費	利子割引料	㉓						
経費	地代・賃借料	㉔						
経費	土地改良費	㉕						
経費	貸倒金	㉖						
経費		㉗						
経費		㉘						
経費		㉙						
経費	雑費	㉚						
経費	小計	㉛						
経費	農産物以外の棚卸高 期首	㉜						
経費	農産物以外の棚卸高 期末	㉝						
経費	経費から差し引く果樹牛馬等の育成費用	㉞						
経費	計	㉟						
差引金額		㊱						

太枠の箇所は課税売上高計算表及び課税仕入高計算表へ転記します。

※1　B欄には、非課税取引、輸出取引等、不課税取引を記入します。
　　また、経費に特定課税仕入れに係る支払対価の額が含まれている場合には、その金額もB欄に記入します。

※2　令和元年10月1日以後に行われる取引であっても、経過措置により旧税率が適用される場合があります。

(編者・執筆者)

樫田　明（かしだ　あきら）
増尾裕之（ますお　ひろゆき）

令和２年版　農業所得の税務

令和２年10月19日　初版印刷
令和２年11月６日　初版発行

編　者　樫　田　　　明
増　尾　裕　之

（一財）大蔵財務協会　理事長
発行者　木　村　幸　俊

発行所　一般財団法人　大　蔵　財　務　協　会
〔郵便番号　130-8585〕
東京都墨田区東駒形1丁目14番1号
(販　売　部)TEL03(3829)4141・FAX03(3829)4001
(出版編集部)TEL03(3829)4142・FAX03(3829)4005
http://www.zaikyo.or.jp

乱丁、落丁の場合はお取替えいたします。　　印刷　恵友社

ISBN978-4-7547-2834-2